工信知识赋能工程

量子机器学习
理论与实战

郭国平　方　圆　李　蕾◎著

QUANTUM MACHINE LEARNING
THEORY AND PRACTICE

人民邮电出版社
北　京

图书在版编目（ＣＩＰ）数据

量子机器学习理论与实战 / 郭国平，方圆，李蕾著
. -- 北京 ：人民邮电出版社，2024.6
（量子计算理论与实践）
ISBN 978-7-115-63667-6

Ⅰ. ①量… Ⅱ. ①郭… ②方… ③李… Ⅲ. ①量子计
算机－机器学习 Ⅳ. ①TP385

中国国家版本馆CIP数据核字(2024)第034523号

内 容 提 要

本书主要介绍量子机器学习的背景知识、基本概念，以及一些重要的量子机器学习算法的基本原理与实现。本书共 9 章，主要内容包括量子机器学习背景知识、量子计算基础、量子机器学习框架 VQNet、支持向量机、聚类、卷积神经网络、循环神经网络、生成对抗网络，以及自然语言处理。

本书既可作为高等院校量子机器学习相关专业研究生、教师的教材或科研人员的参考书，也可作为量子机器学习爱好者的自学用书。

◆ 著　　　　郭国平　方　圆　李　蕾
　　责任编辑　贺瑞君
　　责任印制　马振武

◆ 人民邮电出版社出版发行　北京市丰台区成寿寺路 11 号
　　邮编　100164　电子邮件　315@ptpress.com.cn
　　网址　https://www.ptpress.com.cn
　　北京捷迅佳彩印刷有限公司印刷

◆ 开本：700×1000　1/16
　　印张：11.75　　　　　　　2024 年 6 月第 1 版
　　字数：233 千字　　　　　2024 年 12 月北京第 3 次印刷

定价：69.80 元

读者服务热线：(010)81055410　印装质量热线：(010)81055316
反盗版热线：(010)81055552
广告经营许可证：京东市监广登字 20170147 号

前　言

近年来，随着人们对量子计算研究的日益关注，国内陆续涌现了一批涉及该领域的图书。但是，目前还没有比较完整的关于量子机器学习的图书。为了给读者带来高质量的阅读与学习价值，作为"量子计算理论与实践"系列中的第一本量子机器学习图书，本书对量子计算的基础知识、量子机器学习的基础知识和应用框架、量子机器学习算法、量子神经网络结构等都进行了清晰的介绍。

第 1 章主要介绍量子计算与经典计算的基本差异，以及机器学习、量子计算、量子机器学习的基本概念，并对量子机器学习的发展进行简要介绍。

第 2 章主要介绍量子比特、量子态、量子计算的特性、量子逻辑门、量子测量和量子算法等，方便读者了解量子计算的基础理论。

第 3 章详细介绍著者所在团队自主研发的量子机器学习框架 VQNet（Variational Quantum Network）的基本架构，主要包括 VQNet 的组成、基本数据结构和相关的属性、函数，以及 VQNet 所支持的神经网络模块。

第 4 章主要介绍经典支持向量机（Support Vector Machine，SVM）和量子支持向量机（Quantum Support Vector Machine，QSVM）的基本原理、优化目标及约束条件，并通过数据分类任务对基于 VQNet 和 PyQPanda 的 QSVM 的具体实现过程进行详细介绍。

第 5 章主要介绍经典聚类和量子聚类的基本原理、性能度量和距离计算，并介绍基于 VQNet 的量子 K-均值（K-Means）算法的实现过程及其在鸢尾花聚类问题中的应用。该应用体现出量子机器学习在大数据处理分析方面具有较大的潜在优势。

第 6 章主要介绍经典卷积神经网络（Convolutional Neural Network，CNN）和量子卷积神经网络（Quantum Convolutional Neural Network，QCNN）的基本原理，以及 QCNN 在图像识别中的具体应用（包括图像编码、图像特征提取）。最后，介绍基于 VQNet 的 QCNN 实现以及 QCNN 在手写数字图像识别任务上的具体应用。随着量子计算技术的发展，QCNN 有望在大规模数据处理和复杂模式识别任务方面展现出更大的优势，具有广阔的发展前景。

第 7 章主要介绍经典循环神经网络（Recurrent Neural Network，RNN）、长短时记忆（Long-Short Term Memory，LSTM）网络，以及对应的量子循环神经网络（Quantum Recurrent Neural Network，QRNN）和量子长短时记忆（Quantum Long-Short Term

Memory，QLSTM）网络的基本原理和应用领域，并对 QRNN 在文本分类中的应用进行详细介绍。QRNN 在自然语言处理、时间序列预测等领域表现出色，具有较高的计算效率和较好的序列建模能力，在未来有着广阔的发展前景。

第 8 章主要介绍经典生成对抗网络（Generative Adversarial Network，GAN）和量子生成对抗网络（Quantum Generative Adversarial Network，QGAN）的基本原理、基本构成及优缺点，并对 QGAN 的应用（包括图像生成、数据生成、异常检测等领域）进行介绍。QGAN 具有广阔的应用前景，但也面临诸多挑战。

第 9 章主要介绍经典自然语言处理（Natural Language Processing，NLP）和量子自然语言处理（Quantum Natural Language Processing，QNLP）的基本原理和基本流程，阐述了语法感知 QNLP、量子 Transformer（Quantum Transformer，QTransformer）和量子情感分析的基本原理、具体实现及应用。截至本书成稿之日，QNLP 仍然处于研究和探索阶段，尚未得到广泛应用，但未来有望展现出较大的优势。

致谢

编写本书的过程充满了艰辛与挑战，但也充满了无尽的乐趣和满足感。在完成这本书之际，我们想要表达最诚挚的感激之情。

感谢家人和朋友们的理解和支持。在繁忙的写作和研究过程中，你们的支持、耐心和鼓励是我们坚持下去的动力。

感谢本书的出版团队，特别是编辑、校对、排版和设计人员。特别感谢量子机器学习组 VQNet 团队和各位同事。你们的专业知识和辛勤工作使这本书从一个想法变成了现实。

还要感谢那些在量子计算和机器学习领域取得杰出成就的科学家们。你们的工作启发了我们，并为本书提供了丰富的知识基础。

最重要的是，我们要感谢读者。这本书的写作目的是分享我们的知识和见解，以帮助读者更好地理解和应用量子机器学习。我们真诚地希望本书能够对你们有所帮助，激发你们的兴趣，并为未来的研究和实践提供有力的指导。

感谢你们一直以来的支持，愿本书为你们带来新的视角和启发。期待未来能继续与你们分享更多关于量子机器学习的知识和发现。

衷心感谢！

著者

2024 年 2 月 7 日

目录

第1章　背景知识

本章首先介绍量子计算的基本概念和发展，然后介绍机器学习和量子机器学习的基本概念，最后对量子机器学习的发展历程和发展趋势进行简要阐述。

1.1　什么是量子计算

本节主要介绍量子计算的基本概念和发展。

1.1.1　量子计算和经典计算的基本差异

量子计算是一种遵循量子力学规律调控量子信息单元进行计算的新型计算模式，它利用量子叠加和纠缠等量子特性，以更快、更高效的方式执行某些计算任务。如图 1.1.1 所示，经典计算使用二进制的数字电子方式进行计算，而二进制总是处于 0 或 1 的确定状态。量子计算和现有的计算模式完全不同，它借助量子力学的叠加特性，能够实现计算状态的叠加，它不仅包含 0 和 1，还包含 0 和 1 同时存在的叠加态（Superposition）。

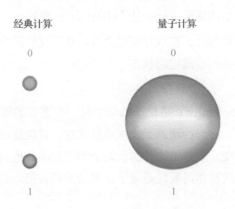

图 1.1.1　经典计算与量子计算的区别

在经典计算机中，利用传统的存储单元——比特对数据以二进制方式进行存储和处理，比特只能在 0 和 1 两个状态之间切换。经典计算机中的 2 位寄存器在某一时刻仅能存储 4 个二进制数（00、01、10、11）中的一个。而量子计算机利用量子比特（Quantum Bit, qubit）进行信息的存储和处理，两个相互作用的量子比特可同时存储这 4 个二进制值。随着量子比特数的递增，对 n 量子比特而言，量子信息可以处于 2^n 种可能状态的叠加，配合量子力学演化的并行性，量子比特的计算能力将会呈指数形式增强。此外，量子比特还具有量子纠缠等特性。理论上，与当前使用最强算法的经典计算机相比，量子计算机在一些具体问题上有更快的处理速度和更强的处理能力。

1.1.2 量子计算的基本概念

量子计算是一种基于量子力学原理的计算方法，利用量子比特的特性进行信息存储和处理。经典计算机使用二进制位（比特）作为信息的基本单元，而量子计算机使用量子位（量子比特）。

当涉及量子计算时，了解基本概念是非常重要的，下面对量子计算的基本概念进行详细介绍。

1. 量子比特

量子比特是量子计算的基本单元。与经典计算中的比特相似，量子比特也可以表示信息的状态。然而，与经典比特只能处于 0 或 1 的状态不同，量子比特可以处于 0 和 1 的叠加态。这种叠加态可以用数学上的线性组合来表示，如一个量子比特可以表示为 $\alpha|0\rangle + \beta|1\rangle$，其中 α 和 β 是复数，表示量子比特处于 0 态和 1 态的概率振幅。

2. 叠加态

叠加态是量子力学中的一个基本原理，它允许量子比特同时处于多个状态的线性叠加。例如，一个量子比特可以处于 $(|0\rangle + |1\rangle)/\sqrt{2}$ 的叠加态，其中 $\sqrt{2}$ 是归一化因子，确保概率振幅的平方和为 1。在进行测量之前，量子比特的状态是未定的；只有进行测量时，它才会坍缩到一个确定的状态。

3. 量子纠缠

量子纠缠（Entanglement）是量子力学中另一个重要的概念。当两个或多个量子比特之间存在纠缠时，它们的状态无法被单独描述，只能通过整体描述。纠缠是一种非常奇特的关系，改变一个量子比特的状态会瞬间影响其他纠缠比特的状态，即使它们之间的距离很远。这种非局域性是量子计算的重要特征，可以用于实现量子通信和量子计算任务。

4. 量子逻辑门

量子逻辑门（Quantum Logic Gate）是一种操作，用于在量子比特上执行特定的量子运算。与经典计算中的逻辑门（如与门、或门等）相似，量子逻辑门可以改变量子比特的状态。常见的量子逻辑门包括阿达马（Hadamard）门、CNOT 门等。量子逻辑门操作是非线性的，它可以在量子计算中实现复杂的运算和算法。

5. 量子态的测量

量子态的测量（Measurement of Quantum State）是量子计算中的一个重要步骤。测量量子比特时，它将坍缩到一个确定的状态，从而得到一个经典比特的结果。测量的结果是随机的，根据量子比特在不同状态上的概率分布确定。测量过程会破坏量子态的叠加性，因此在量子计算中需要谨慎处理测量操作。

这些量子计算的基本概念构成了量子计算的理论基础。通过利用量子比特的叠加性和纠缠性，量子计算处理在某些特定问题时具有超越经典计算的潜力。作为一个前沿领域，量子计算正吸引着越来越多研究人员和科学家的关注及探索。

1.1.3 量子计算的发展

与经典计算和宏观物理的关系相似，量子计算同样与微观物理有着千丝万缕的联系。在微观物理中，量子力学衍生了量子信息科学。量子信息科学是以量子力学为基础，把量子系统"状态"所带的物理信息进行信息编码、计算和传输的全新技术。在量子信息科学中，量子比特是其信息载体，对应经典信息里的 0 和 1。量子比特两个可能的状态一般表示为 $|0\rangle$ 和 $|1\rangle$，它们作为单位向量构成了这个向量空间的一组规范正交基（Orthonormal Basis）。量子比特的状态是用一个叠加态表示的，如 $|\varphi\rangle = a|0\rangle + b|1\rangle$，其中 $a^2 + b^2 = 1$，而且测量结果为 $|0\rangle$ 态的概率是 a^2，为 $|1\rangle$ 态的概率为 b^2。这说明一个量子比特能够处于既不是 $|0\rangle$ 又不是 $|1\rangle$ 的状态，即处于 $|0\rangle$ 和 $|1\rangle$ 的一个线性组合的中间状态。经典信息可表示为 $0110010110\cdots$，而量子信息可表示为 $\sum_i \left(\alpha_i |\varphi_1\rangle |\varphi_2\rangle \cdots |\varphi_n\rangle \right)$。

一个经典的二进制存储器只能存储一个数（要么存储 0，要么存储 1），而一个二进制量子存储器可以同时存储 0 和 1 这两个数。两个经典二进制存储只能存储以下 4 个数中的一个：00、01、10 或 11。倘若使用 2 个二进制量子存储器，则以上 4 个数可以同时被存储。按此规律，推广到 n 个二进制存储器的情况，理论上，n 个量子存储器与 n 个经典存储器能够存储的数据个数分别为 2^n 和 1。

由此可见，量子存储器的存储能力是呈指数形式增长的，它与经典存储器相比，具有更强大的存储数据的能力。尤其是当 n 很大时，量子存储器能够存储的数据量比宇宙中所有原子的数量还要多。

对于量子计算的真正发展，学术界普遍认为源自 20 世纪的科学家、诺贝尔奖获得者理查德·费曼（Richard Feynman）在 1982 年一次公开演讲中提出的两个问题。

1. 经典计算机是否能够有效地模拟量子系统？

虽然在量子理论中，仍用微分方程来描述量子系统的演化，但变量数却远远多于经典物理系统。所以，理查德·费曼针对这个问题的结论是"不可能"。因为目前没有任何可行的方法，可以求解出这么多变量的微分方程。

2. 如果放弃经典的图灵机模型，是否可以做得更好？

理查德·费曼提出：如果拓展一下计算机的工作方式，不使用逻辑门来建造计算机，而是一些其他的东西，如分子和原子等量子材料（它们具有非常奇异的性质，尤其是波粒二象性），是否能建造出模拟量子系统的计算机？于是，他做了一些验证性实验并推测，这个想法也许可以实现。由此，基于量子力学的新型计算机的研究被提上了科学发展的日程。

此后，计算机科学家们一直在努力攻克这个艰巨的挑战。伴随时代的发展，在20世纪90年代，量子计算机的算法发展得到了巨大的进步。

1992年，David Deutsch 和 Richard Jozsa 提出了多伊奇-约萨算法（Deutsch-Jozsa Algorithm，简称 D-J 算法），拉开了量子计算飞速发展的序幕。

1994年，Peter Shor 提出了一种质因数分解算法——舒尔算法（Shor's Algorithm）。该算法在大数分解方面比当时已知最有效的经典质因数分解算法快得多，因此对 RSA 加密极具威胁性。该算法在带来巨大影响力的同时也进一步坚定了科学家们发展量子计算机的决心。

1996年，Lov Grover 提出了一种经典的量子搜索算法——格罗弗算法（Grover's Algorithm），该算法被公认为继 Shor 算法后的第二大算法。

1998年，Bernhard Omer 提出了量子计算编程语言，拉开了量子计算机可编程的帷幕。

2009年，MIT 的3位科学家联合开发了一种求解线性系统的 HHL（Harrow-Hassidim-Lloyd）算法。众所周知，线性系统是很多科学研究和工程领域的核心，由于 HHL 算法与经典算法相比在特定条件下实现了指数加速效果，这是未来能够使机器学习、人工智能科技得以突破的关键性技术。

自2010年以后，各大研究公司在量子计算软硬件方面均有不同程度的突破。

2013年，加拿大 D-Wave 系统公司发布了 512 量子比特的量子计算设备。

2016年，IBM 发布了 6 量子比特的可编程量子计算机。

2017年，本源量子发布了 32 位量子计算虚拟系统，同时还建立了以 32 位量子计算虚拟系统为基础的本源量子计算云平台。

2018年，华为发布 HiQ 云平台，该平台包括量子计算模拟器与基于量子计算模拟器开发的量子编程框架。基于华为云的超强算力，HiQ 云平台可模拟全振幅 42 量子比特以上的量子系统，以及单振幅 81 量子比特以上的系统。

2018 年初，Intel 和谷歌分别测试了 49 位和 72 位量子芯片。

2018 年 12 月 6 日，本源量子发布了第一款测控一体机 Origin Quantum AIO，不仅提高了综合量子测控能力，还节约了量子测控环节各种大型设备的空间，为量子计算行业的高精尖仪器带来了更多的可能。

2019 年 1 月，IBM 发布了世界上第一台独立的量子计算机 IBM Q System One。

2019 年 8 月，我国科学家首次研制出 24 量子比特的高性能超导量子比特处理器。

2019 年 9 月，量子计算迎来一个新的里程碑，谷歌宣布打造出第一台能够超越当时最强大的超级计算机能力的量子计算机。该量子计算机仅需要 200s 就可以完成一项复杂计算，而当时最强大的超级计算机 Summit 完成同样的计算需要约 10 000 年。

2020 年 9 月，加拿大量子计算公司 D-Wave 宣布第一台商用量子计算机正式上市。

2021 年，全球量子计算跨入嘈杂中型量子（Noisy Intermediate-Scale Quantum，NISQ）时代，量子计算应用领域逐渐扩大。2021 年 1 月，谷歌与制药公司勃林格殷格翰（Boehringer Ingelheim）在量子计算方面的合作引起轰动，双方共同专注于研究与实现药物研发领域量子计算的前沿应用案例。

2021 年 10 月，中国科学技术大学团队进一步成功研制出 113 个光子的、可相位编程的"九章二号"和 66 量子比特的"祖冲之二号"量子计算原型机，使我国成为唯一在光学和超导这两种技术路线都实现了"量子计算优越性"的国家。

2021 年 11 月，IBM 推出全球首个超过 100 量子比特的超导量子芯片——Eagle。

2022 年 1 月，本源量子自主建设的两大实验室——量子芯片制造封装实验室和量子计算组装测试实验室正式启用，这是继 2021 年本源-晶合量子芯片联合实验室后国内第二个工程化量子芯片实验室。

2022 年 11 月，IBM 发布可以支持 433 量子比特的量子计算芯片。

2023 年的 IBM 量子峰会上，IBM 发布了尖端设备，包括 133 量子比特的 Heron量子处理单元（Quantum Processing Unit，QPU）。

2023 年 10 月，我国研究团队成功研制 255 个光子的"九章三号"量子计算原型机。"九章三号"在 1×10^{-6}s 内所处理的最高复杂度的样本，需要当时最强的超级计算机"前沿"（Frontier）花费超过 200 亿年。这项成果进一步巩固了我国在光量子计算领域的国际领先地位。

2024 年 1 月，我国第三代超导量子计算机——"本源悟空"正式上线运行。该量子计算机搭载了 72 位自主超导量子芯片"悟空芯"（共 198 量子比特，包含 72 个工作量子比特和 128 个耦合量子比特），是我国最先进的可编程、可交付超导量子计算机（截至本书成稿之日）。这是完全自主可控研发的产品。

1.2 什么是量子机器学习

本节介绍机器学习和量子机器学习的基本概念,阐述量子机器学习的特点和优势,并描述量子机器学习在未来科技发展中的潜在应用场景。

1.2.1 机器学习的基本概念

机器学习是一门与计算机科学和统计学有着紧密联系的技术领域,最初是人工智能研究的一个子领域。多年来,受各自发展趋势的影响,"机器学习"和"人工智能"这两个术语的定义,以及它们之间的关系,一直很难有一个明确的界定。为了区分它们,人们将人工智能定义为擅长完成类人任务的机器和计算机系统,如推理、导航和交互。机器学习可以被视为人工智能的一种特殊风格,它设计的计算机算法概括了数据中发现的模式,从而可在未知的情况下做出预测。

模式识别是人类特别擅长的一项技能,如可以从别人的面部表情或书面信息中解读情绪、诊断疾病或识别天气周期。模式识别的过程包括观察和分析数据,寻找其中的规律和关联,并根据这些规律和关联进行预测或判断。人类通过多次观察和分析,逐渐形成对某些特定模式的认知和理解。虽然人可以将所学到的一些东西传递给未来的几代人,但一个人可以处理的数据量总是有限的。因此,机器学习的优势在于它能够从只有计算机才能处理的超大规模数据集中学习。这些数据可能包括结构化数据(如表格和数据库),也可能包括非结构化数据(如文本、图像和音频)。通过训练模型来理解和预测未来的趋势和行为,机器学习使得计算机能够自动地发现数据中的规律和模式,并根据这些规律做出决策或预测。

虽然机器学习有很多类型,但它也在某种程度上由所涉及的数据类型来定义。通常,一个系统需要学习的模式是非常复杂的,而人类对系统的动态只有很少的了解。换句话说,人类很难通过统计学知识去推算并形成一个动态方程模型来捕获产生数据的机制。相反,机器学习从一个非常普遍的、不可预知的数学模型开始,通过使用数据来适应情况,这个过程被称为"训练"。当查看最终的模型时,人类并不一定能获得数据背后的物理机制或统计关系的信息,而是把它看作一个已经学会了产生可靠输出的黑盒子。从这个意义上说,"模型"作为机器学习的中心概念,与物理学和统计学中的模型完全不同。在物理学和统计学中,模型被精心构建,以捕捉和研究机制的本质。不出所料,对机器学习最大的批评之一是,它的工具不透明,做出的决策难以验证。然而,这正是机器学习模型的优势:它们可以广泛应用于各种各样的任务和领域。

1.2.2 量子机器学习的基本概念

量子机器学习是将量子计算与机器学习方法结合起来的技术。它利用量子计算的优势来解决传统机器学习中存在的一些挑战，如处理大规模数据和高维特征空间的复杂问题。下面详细介绍量子机器学习的基本原理。

1．量子数据表示

在量子机器学习中，数据通常以量子比特的形式表示。这些量子比特可以是量子系统的态，也可以是经过编码的经典数据。量子机器学习算法的输入和输出都是以量子态表示的。

2．量子特征映射

量子机器学习中的一个关键概念是量子特征映射。它是将经典数据映射到量子比特的过程，以便在量子计算中对其进行处理。量子特征映射可以使用不同的方法实现，如量子傅里叶变换（Quantum Fourier Transform，QFT）和量子核函数。

3．量子算法和量子优化算法

量子机器学习算法利用量子计算的优势来加速机器学习任务。一种常用的方法是通过量子算法来解决机器学习中的特定问题，如 QSVM 和量子神经网络。另一种方法是使用量子优化算法来优化机器学习模型中的参数，如量子变分推断和量子梯度下降。

4．量子纠缠和量子并行性

量子机器学习利用量子纠缠和量子并行性的特性来加速计算。量子纠缠可以增强数据表示和处理的能力，使得高维数据处理更加高效。量子并行性允许同时对多个可能性进行计算，从而加速模型训练和推断过程。

5．量子数据处理

量子机器学习中的数据处理涉及对量子态进行操作和测量。量子操作可以对量子数据进行变换和优化，如应用量子逻辑门操作和量子态的演化。量子测量可以提取出量子数据的经典信息，用于训练和评估模型。

6．量子计算的优势和应用

量子机器学习的目标是利用量子计算的优势解决经典机器学习中难以处理的问题。这包括在复杂数据集上进行高效分类、聚类和回归分析，以及在大规模数据集上进行模型的高速训练和推断。量子机器学习还可应用于化学模拟、优化问题和图像识别等领域。

总的来说，量子机器学习利用量子计算的特性来改进和加速机器学习任务。利用量子纠缠、量子并行性等特性，以及量子优化算法等技术，量子机器学习有望在解决复杂问题和处理大规模数据时取得突破性的进展。然而，由于受到量子计算的硬件和算法的限制，目前量子机器学习仍处于发展的早期阶段，需要更多的研究和实践来实现其潜力。

1.2.3 量子机器学习的应用前景

与经典计算机相比，量子计算机具有更快的计算速度和更强的计算能力，因此在未来的科技发展中，量子机器学习有着广泛的应用前景。

1. 金融分析

通过使用量子计算机执行优化算法，可以更快速地分析股票交易数据、市场趋势等信息，同时考虑投资者的风险偏好和目标收益率，进而生成最优的投资组合。通过量子计算机处理大规模金融数据，采用量子机器学习方法构建贷款人信用评估模型、金融欺诈检测模型、风险评估模型，进而为投资决策提供更可靠的数据支持，能够有效地提高投资回报率、降低风险，并节省时间和成本。

2. 医疗诊断

采用量子机器学习方法，可以通过从大规模的分子数据库中提取特征，构建出适当的模型以预测分子的性质，并找到具有应用潜力的新药。医学图像和生物标志物含有大量有用信息，量子机器学习可以从不同视角、不同分辨率和不同时间点获取这些信息，并帮助医生更好地诊断患者是否具有某些疾病，从而提供更加准确的诊断结果和治疗方案。同时，由于量子计算机能够处理海量的医学图像数据，因此可以更快速地完成诊断过程，节省时间和成本。

3. 物质设计

采用量子机器学习方法可以从大规模的材料数据库中提取特征，构建出合适的模型以预测材料的性质，并找到具有应用潜力的新材料。例如，快速识别出性能最优的电池材料，并确定最佳的电池设计参数，使电池的储能和效率得到最大化；分析光电子材料的性质、组成、结构等信息，可以有效地预测材料的光电转换效率，并优化材料设计方案，从而提高光电子器件的性能。

4. 人工智能

量子机器学习还可以用于加速人工智能技术的发展。通过使用量子优化算法，可以更好地优化神经网络的结构和参数，从而提高人工智能系统的性能。通过利用量子机器学习方法来处理计算机视觉任务，例如物体检测、分类或图像分割等，能够更快速、准确地完成这些任务，同时减少资源消耗、降低成本。此外，量子机器学习也可以更有效地处理自然语言中的复杂问题，如语音识别、语义分析、情感分析等。

总之，随着量子计算技术的不断发展和成熟，量子机器学习有望在各个领域产生重大的影响，并带来更加准确、高效的数据分析和决策支持。

1.3 量子机器学习的发展历程与趋势

本节对量子机器学习的发展历程、研究现状，以及未来的发展趋势进行简要介绍。

1.3.1 量子机器学习的发展历史

量子机器学习是一个新兴的交叉领域，将量子计算和机器学习结合在一起，以利用量子计算的潜力来解决复杂的机器学习问题。下面介绍量子机器学习发展的一些关键里程碑和发展节点。

（1）量子机器学习的概念最早由 E. Bernstein 和 C. Vazirani 于 1995 年提出，他们探索了量子计算在机器学习中的应用潜力。

（2）1996 年，Peter Shor 提出了著名的 Shor 算法，证明了量子计算可以在多项式时间内解决因式分解问题。这引起了人们对量子计算能力的广泛关注，并为量子机器学习的发展奠定了基础。

（3）2008 年，M. Schuld 和 I. Sinayskiy 开展了量子机器学习的早期工作，研究了使用量子算法来解决机器学习问题的方法。

（4）2009 年，Aram Harrow、Avinathan Hassidim 和 Seth Lloyd 提出了一种使用量子计算机来解决线性问题并得到最优解的算法，并用他们的姓名字母组合命名为 HHL 算法。该算法后来被广泛应用于许多量子机器学习算法，如 QSVM、量子主成分分析（Quantum Principal Component Analysis，QPCA）等。

（5）2011 年，A. Wiebe 等人提出了量子核函数的概念，将经典核方法扩展到量子计算领域，为 QSVM 的发展打下了基础。

（6）2013 年，S. Lloyd 等人提出了 QPCA 的概念，将经典主成分分析方法应用于量子计算。

（7）2014 年，P. Rebentrost 等人发表了综述论文，对量子机器学习中的关键概念、算法和应用进行了总结。

（8）2017 年，S. Lloyd 等人提出了 QGAN 的概念，将 GAN 引入了量子计算领域。

（9）2018 年，谷歌在其 Quantum AI 实验室的研究中展示了在量子处理器上实现量子机器学习任务的能力。

（10）2019 年，IBM 推出了量子机器学习实验平台 Qiskit Machine Learning，为开发和实施量子机器学习算法提供了工具和框架。

（11）2020 年，百度发布国内首个量子机器学习开发框架——量桨（Paddle Quantum）。这一框架为研究人员和开发者提供了一套便捷的工具，用于探索和实验量子机器学习算法，并推动了我国量子计算和机器学习领域的发展。

（12）2021 年，本源量子发布可高效连接机器学习和量子算法的量子机器学习框架——VQNet，可满足所有类型量子机器学习算法的构建需求，为开发和测试量子机器学习算法提供了平台。

（13）2021 年，英国剑桥量子计算公司（Cambridge Quantum Computing，CQC）发布了世界上第一个用于量子自然语言处理（QNLP）的工具包。它可用于加速实际应用程序的开发，如自动对话系统和文本挖掘等，使得量子机器学习在自然语言处理领域具有更多新的可能性。

（14）2022 年，Hou 等人提出了 K-Means 聚类算法，并将其应用于心脏检测。同年，Li 等人提出了谱聚类算法。

近年来，随着量子计算硬件和算法的进步，量子机器学习得到了更多的关注和研究。QK-Means、QSVM、QCNN、QNLP 等量子机器学习算法取得了重要突破，并在生物制药、金融风险评估、数字图像处理、生物分子模拟及自然语言处理等领域进行了实际应用。

这些发展历程表明量子机器学习作为一个新兴领域，正逐步展现出巨大的潜力。虽然仍面临许多挑战，但量子机器学习为解决传统机器学习难题和处理大规模数据提供了新的方法和工具。随着技术的不断进步和研究的深入，量子机器学习有望在未来发挥重要作用。

1.3.2 量子机器学习的研究现状

目前，量子机器学习正处于快速发展阶段，研究人员和科学界对其潜力和应用前景充满兴趣。本小节介绍量子机器学习研究现状的一些关键方面。

1. 算法开发

研究人员正在努力开发适用于量子计算的机器学习算法，包括 QSVM、量子神经网络、量子聚类等。这些算法利用量子计算的特性来处理和分析复杂的数据集。

2. 实验验证

研究人员在实验室中进行实际的量子机器学习实验，验证量子计算和机器学习的结合在解决实际问题时的有效性。这些实验通常利用量子处理器来执行量子机器学习任务。

3. 数据处理

研究人员致力于开发量子算法和协议，以有效地处理和分析量子数据。这包括开发量子数据编码、量子特征选择和量子数据降维等技术。

4. 应用探索

研究人员将量子机器学习应用于不同领域的问题，如化学模拟、优化问题、图像处理和 NLP 等。这些应用探索有助于揭示量子机器学习的潜在优势和实际应用的可行性。

5. 量子硬件发展

随着量子计算硬件的不断发展和进步，研究人员可以更好地挖掘量子机器学习的潜力。各大科技公司和研究机构都在竞相推出更强大和更稳定的量子处理器，为量子机器学习的实践提供更好的基础。

6. 学术界与产业界合作

学术界和产业界之间的合作与交流得到了进一步加强，以促进量子机器学习的研究和发展。学术界的研究成果得到了产业界的关注，并出现了一些与量子机器学习相关的创业公司和项目。

总体而言，量子机器学习的研究正处于不断探索和创新的阶段。随着量子计算硬件和算法的进步，量子机器学习预计会出现更多的突破和实际应用，为解决复杂问题和优化机器学习任务提供更强大的工具和方法。

1.3.3 量子机器学习的未来发展

算法、数据和硬件计算能力是机器学习快速发展的三大要素，而量子计算能够提供远超传统计算机的计算能力。因此，机器学习与量子计算的结合正在成为一个飞速发展的研究方向。随着量子计算技术的不断进步，量子机器学习的应用前景将会越来越广泛。未来，量子机器学习的发展趋势主要有以下 3 个方面。

1. 硬件技术的提升

量子机器学习算法的实用化依赖量子计算机的构造。目前，量子计算机的性能仍需要进一步提升，硬件技术的发展将有助于提高量子机器学习的效率和准确性。

2. 算法设计的创新

目前可以明确的是，当问题规模足够大时，量子算法与经典算法相比具有明显的优势。但是随着量子机器学习理论的不断深入和发展，以及算法设计的重要性的提高，如何具体设计这些算法、如何进一步优化量子线路等问题面临着巨大的挑战。未来，量子机器学习算法将更加复杂和高效。

3. 应用场景的拓展

随着应用场景的不断拓展，量子机器学习将会涉及更多的领域，包括物理、化学、生物、金融、交通等。

综上所述，量子机器学习作为量子计算与人工智能交叉的重要领域，其应用前景非常广阔。未来，量子机器学习会在硬件技术、算法设计和应用场景等方面得到不断的发展和创新，从而为人类社会带来更多的福利和发展机遇。

第2章　量子计算基础

本章主要介绍量子计算的基础概念和代表性算法。基础概念主要包括量子比特与量子态、量子计算的特性、量子逻辑门和量子测量。代表性算法主要包括 D-J 算法、Grover 算法、Shor 算法和 HHL 算法。

2.1　量子比特与量子态

本节主要介绍量子计算的基础——量子比特的基本概念和基本特性，即量子比特的叠加性质。

2.1.1　量子比特的基本概念

量子（Quantum）是现代物理学的重要概念。一个物理量如果存在最小的、不可分割的基本单位，该最小单位就是量子。量子具有 4 个基本特性，了解其特性有助于读者更好地理解量子的本质。

（1）量子化：描述物体长度时，一定会遇到最小的、不可分割的基本单位，这一现象又称为量子化。

（2）跃迁：当一个原子中的电子获得来自原子外的能量时，它就有可能克服能级之间的能量差距，跳到另外一个态上面。

（3）叠加性：量子本身"同时存在"于多种状态的叠加上。

（4）测量和坍缩：测量会影响这个粒子本身的状态。

量子态是一个微观粒子的状态，可用线性代数中的向量来描述。在量子理论中，描述量子态的向量被称为态矢，态矢分为右矢（ket）和左矢（bra）。

$$\text{右矢：}\ |\psi\rangle = \left[c_1, c_2, \cdots, c_n\right]^{\mathrm{T}} \tag{2.1}$$

$$\text{左矢：}\ \langle\psi| = \left[c_1^*, c_2^*, \cdots, c_n^*\right] \tag{2.2}$$

设 $|\alpha\rangle = \left[a_1, a_2, \cdots, a_n\right]^{\mathrm{T}}$、$|\beta\rangle = \left[b_1, b_2, \cdots, b_n\right]^{\mathrm{T}}$，它们的内积与外积定义为

$$\text{内积：}\ \langle\alpha|\beta\rangle = \sum_{i=1}^{n} a_i^* b_i \tag{2.3}$$

$$\text{外积:} \quad |\alpha\rangle\langle\beta| = \left[a_i b_j^*\right]_{n\times n} \tag{2.4}$$

经典计算机的工作流程就是不断地处理 0、1 的二进制编码的过程，它们代表着逻辑电路中的高低电平。这些二进制编码经历产生、传输、处理、读取的过程，最终被反馈到输出设备（如显示器等）上。

对微观量子而言，能量是决定粒子性质的最直接的参量。粒子的能量只会在几个分立的能级上面取值。如果限制取值的范围为两种，就构成了两能级系统。除了某些特殊情况之外，这两个能级必定能找出一个较低的，称为基态（Ground State），记为$|g\rangle$；另一个能量较高的，称为激发态（Excited State），记为$|e\rangle$。

量子计算机里的基本数据单元的状态也是由这两种状态构成，即量子态的$|e\rangle$和$|g\rangle$。量子计算是基于两能级系统来进行的。

以列向量的方式将两种量子态记为

$$|e\rangle = \begin{bmatrix} 1 \\ 0 \end{bmatrix}, \ |g\rangle = \begin{bmatrix} 0 \\ 1 \end{bmatrix} \tag{2.5}$$

以行向量的形式记为

$$\langle e| = [1 \ 0], \ \langle g| = [0 \ 1] \tag{2.6}$$

与经典比特类比，常将$|e\rangle$记作$|0\rangle$、$|g\rangle$记作$|1\rangle$，并称这种量子计算中的基本数据单元为量子比特（qubit）。一个量子比特就是二维复向量空间$\mathbb{C}^2$中的一个单位向量。设$|0\rangle = [1,0]^T$、$|1\rangle = [0,1]^T$为$\mathbb{C}^2$的一组基，则一个量子比特可以表示为

$$|\psi\rangle = \alpha|0\rangle + \beta|1\rangle \tag{2.7}$$

其中，α、β表示振幅，$\alpha,\beta \in \mathbb{C}^2$，且有$|\alpha|^2 + |\beta|^2 = 1$。

因为$|\alpha|^2 + |\beta|^2 = 1$，可以重新将量子比特表示为

$$|\psi\rangle = e^{i\gamma}\left(\cos\frac{\theta}{2}|0\rangle + e^{i\phi}\sin\frac{\theta}{2}|1\rangle\right) \tag{2.8}$$

其中，θ、ϕ、γ均为实数。

由于全局相位因子$e^{i\gamma}$对观测值没有实质性的影响，所以可以略去。进而，量子比特可以表示为

$$|\psi\rangle = \left(\cos\frac{\theta}{2}|0\rangle + e^{i\phi}\sin\frac{\theta}{2}|1\rangle\right) \tag{2.9}$$

也就是说，通过两个参数θ、ϕ就能唯一确定一个量子态的状态。注意到，由θ、ϕ可以表示一个单位半径的三维球面，如图 2.1.1 所示，这个三维球被称为布洛赫球（Bloch Sphere）。

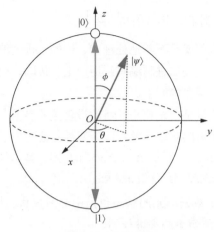

图 2.1.1 布洛赫球

2.1.2 量子叠加态

量子叠加态是量子力学中的一个重要概念，描述了量子系统可以同时处于多个可能性叠加的状态。在经典物理中，通常习惯将物体的状态描述为具有确定性的值，如一个硬币可以是正面或反面。然而，量子叠加态表示了一种不同的状态，即量子系统可以以一定的概率同时处于多个状态。

在量子力学中，一个量子系统的状态可以由多个相互正交的本征态叠加表示。二维系统的本征态通常用狄拉克（Dirac）符号表示为 $|0\rangle$、$|1\rangle$。这两个向量可以构成一个二维空间的基。任何一个纯态都可以写为这两个本征态的叠加：

$$|\psi\rangle = a|0\rangle + be^{i\theta}|1\rangle \tag{2.10}$$

其中，a、b、θ 是实数，且 a、b 满足归一化条件。

量子叠加态最重要的特征是干涉效应。当多个量子系统处于叠加态时，它们之间的干涉会导致出现特殊的相对相位关系。相对相位关系不会影响测量结果，但是经过相位估计转化为振幅后可以对测量结果产生影响。这种干涉效应在量子计算和量子通信（如量子算法中的量子并行计算和量子搜索）中起着重要作用。

量子叠加态是量子力学中的核心概念，它使得量子系统能够同时处于多个可能性的状态，并展现了一系列奇特的量子现象。通过利用叠加态和干涉效应，量子计算和量子通信等领域可以实现比经典计算更高效的算法和协议。对叠加态的深入理解和控制是量子技术发展的关键之一。

2.2 量子计算的特性

本节主要介绍量子计算的基本特性，主要包含量子计算的并行特性和纠缠特性。

2.2.1 量子并行计算

量子并行计算是指利用量子计算的并行特性，在同一时间内处理多个可能性的计算任务。它是量子计算中的一项重要技术，旨在通过并行处理多个输入来加速某些特定计算问题的求解。

在经典计算中，单个处理单元处理多个输入通常需要顺序执行，即逐个处理每个输入，并在完成一个任务后才转到下一个任务。而在量子计算中，通过利用量子叠加和纠缠的特性，单个处理单元可以在同一时间内处理多个输入，从而实现单个处理单元的并行计算。

量子并行计算的核心思想是将多个输入编码到量子比特的叠加态中，并在一次量子计算中同时处理这些输入。通过适当设计量子算法和量子线路，可以利用量子比特的叠加性并行地执行计算任务。

在量子并行计算中，一个典型的应用是处理搜索问题。例如，Grover 算法可以在未排序的数据库中搜索特定项，并在较少的迭代次数内找到目标项。该算法利用了量子并行计算的特性，通过对数据库中的多个可能项进行并行查找，从而来加速搜索过程。

需要注意的是，量子并行计算并不适用于所有类型的计算问题。它主要适用于那些可以被并行处理的问题。而对于某些难以并行处理的问题，量子并行计算可能无法提供明显的加速效果。

总而言之，量子并行计算是利用量子计算特性中的叠加和纠缠来并行处理多个输入的计算技术。它在某些特定的计算问题中可以提供显著的加速效果，是量子计算中的重要研究领域之一。随着量子计算技术的发展，量子并行计算有望在更多的领域发挥重要作用。

2.2.2 量子纠缠特性

量子纠缠是量子力学中一种特殊的关联，它描述了多个量子系统之间的非经典关联，是量子力学的核心概念之一，具有许多独特而令人困惑的特性。

在经典物理中，物体之间的关系可以通过经典概率分布和经典相互作用来描述。然而，在量子力学中，物体的状态不是简单地由经典概率分布来描述，而是由量子态（波函数）表示。当多个量子系统处于纠缠状态时，复合系统的量子态是无法由子系统量子态之间的张量积来描述的。

量子纠缠的非定域性是指在纠缠态中，两个或多个粒子之间的关联不受空间距离的限制。这种非定域性是量子力学中的一个重要特性，与经典物理世界中的信息传递速度受到限制的原则相反。具体表现为非局域性、整体性、相互依赖性及非经典关联性。

（1）非局域性指的是对一个子系统的测量结果会立即影响到与之纠缠的其他子系统，即使它们之间的距离很远。

（2）整体性指的是当多个量子系统处于纠缠态时，无法独立地描述每个系统的量子态，整个系统的量子态必须通过纠缠态来描述。对其中一个系统进行测量会导致整个系统的量子态坍缩到一个确定的状态，而其他系统也相应发生坍缩。

（3）相互依赖性指的是测量一个系统的状态会瞬间影响其他系统的状态，无论它们之间的距离有多远。

（4）非经典关联性指的是量子纠缠无法用经典概率分布和经典相互作用来解释。量子纠缠的非定域性是量子力学中的独特的现象，超越了经典物理的框架。

量子纠缠是一种高度非经典的现象，与人们在日常生活中的直觉和经典物理世界的观察经验有很大的差异。它是量子力学的核心概念之一，也是量子计算和量子通信等领域的基础。随着量子技术的发展，深入理解和利用量子纠缠的特性对实现量子计算和量子通信的进一步发展至关重要。

2.3 量子逻辑门

本节主要介绍量子逻辑门的基本概念及一些常用的量子逻辑门。

2.3.1 量子逻辑门的基本概念

在经典计算中，最基本的单元是比特，而最基本的控制模式是逻辑门，可以通过逻辑门的组合来达到控制电路的目的。类似地，处理量子比特的方式就是量子逻辑门，使用量子逻辑门可以有意识地使量子态发生演化，所以量子逻辑门是构成量子算法的基础。

1. 酉变换

酉变换是一种操作，在数学上是一个酉矩阵，它作用在量子态上得到的是一个新的量子态。酉矩阵用 U 表示，$U^{\dagger}$ 表示酉矩阵的共轭转置矩阵，二者满足运算关系 $UU^{\dagger} = I$，所以酉矩阵的共轭转置矩阵也是一个酉矩阵，这说明酉变换是一种可逆变换。

一般酉变换在量子态上的作用是变换矩阵左乘以右矢进行计算的。例如，一开始有一个量子态 $|\varphi_0\rangle$，经过酉变换之后得到：

$$|\varphi\rangle = U|\varphi_0\rangle \tag{2.11}$$

或者也可以写为

$$\langle\varphi| = \langle\varphi_0|U^\dagger \tag{2.12}$$

由此可见，两个向量的内积经过同一个酉变换之后保持不变。

$$\langle\varphi|\psi\rangle = \langle\varphi|U^\dagger U|\psi\rangle \tag{2.13}$$

类似地，还可以通过酉变换表示密度矩阵的演化：

$$\rho = U\rho_0 U^\dagger \tag{2.14}$$

这样，就连混合态的演化也包含在内了。

2．矩阵的指数函数

一旦定义了矩阵乘法，就可以利用函数的幂级数来定义矩阵的函数，其中就包含矩阵的指数函数。如果 A 是一个矩阵，那么 $\exp(A) = 1 + A + \dfrac{A^2}{2!} + \dfrac{A^3}{3!} + \cdots$ 就为 A 的指数函数形式。

如果 A 是一个对角线矩阵，即 $A = \mathrm{diag}(A_{11}, A_{22}, A_{33}, \cdots)$，则由验证：

$$A^n = \mathrm{diag}\left(A_{11}^n, A_{22}^n, A_{33}^n, \cdots\right) \tag{2.15}$$

可得到

$$\exp(A) = \mathrm{diag}(\mathrm{e}^{A_{11}}, \mathrm{e}^{A_{22}}, \mathrm{e}^{A_{33}}, \cdots) \tag{2.16}$$

如果 A 不是一个对角线矩阵，则利用酉变换可以将它对角化，$D = UAU^\dagger$，从而有

$$A^n = U^\dagger D^n U \tag{2.17}$$

那么，类似地，有

$$\exp(A) = U^\dagger \exp(D) U \tag{2.18}$$

必须要引起注意的是：

$$\exp(A+B) \neq \exp(A)\exp(B) \neq \exp(B)\exp(A) \tag{2.19}$$

当 A 表示数的时候，等号是成立的。那么，当 A 表示矩阵时，等式成立要满足什么条件？

通常，式（2.20）被称为以 A 为生成元的酉变换：

$$U(\theta) = \exp(-\mathrm{i}\theta A) \tag{2.20}$$

这种矩阵的指数运算可以利用数值计算软件 MATLAB 中的 expm，或者 Mathematica 中的 MatrixExp 命令方便地进行。

3．单位矩阵

单位矩阵 I 为

$$I = \begin{bmatrix} 1 & 0 \\ 0 & 1 \end{bmatrix} \tag{2.21}$$

以单位矩阵为生成元，可以构建一种特殊的酉变换。

$$u(\theta) = \exp(-\mathrm{i}\theta A) = \begin{bmatrix} \mathrm{e}^{-\mathrm{i}\theta} & 0 \\ 0 & \mathrm{e}^{-\mathrm{i}\theta} \end{bmatrix} = \exp(-\mathrm{i}\theta)I \tag{2.22}$$

它作用在态矢上面，相当于对态矢整体（或者说每个分量同时）乘以一个系数。如果将这种态矢代入密度矩阵的表达式中，会发现这项系数会被消去。

这项系数称为量子态的整体相位。因为任何操作和测量都无法分辨两个相同的密度矩阵，所有量子态的整体相位一般情况下是不会对系统产生任何影响的。

4．单量子比特逻辑门

在经典计算机中，单比特逻辑门只有一种——非门（NOT Gate），但是在量子计算机中，量子比特的情况相对复杂，存在叠加态、相位，所以单量子比特逻辑门的种类更加丰富。

5．泡利矩阵

泡利矩阵（Pauli Matrix）有时也被称为自旋矩阵（Spin Matrix），有以下3种形式：

$$\sigma_x = \begin{bmatrix} 0 & 1 \\ 1 & 0 \end{bmatrix} \quad \sigma_y = \begin{bmatrix} 0 & -\mathrm{i} \\ \mathrm{i} & 0 \end{bmatrix} \quad \sigma_z = \begin{bmatrix} 1 & 0 \\ 0 & -1 \end{bmatrix} \tag{2.23}$$

这3个泡利矩阵所表示的泡利算符代表着量子态向量最基本的操作。例如，将σ_x作用到$|0\rangle$态上，经过矩阵运算，得到的末态为$|1\rangle$态。泡利矩阵的线性组合是完备的二维酉变换生成元，即所有满足$UU^\dagger = I$的U都能通过式（2.24）得到：

$$U = \mathrm{e}^{-\mathrm{i}\theta\left(a\sigma_x + b\sigma_y + c\sigma_z\right)} \tag{2.24}$$

其中，a、b、c均为实数，表示归一化的单位向量(a,b,c)，即a,b,c的平方和为1。单位向量(a,b,c)的物理意义为旋转轴，即U作用在某个量子态上，该量子态会绕单位向量(a,b,c)旋转2θ，从而得到新的量子态。

单量子比特逻辑门的线路符号示例如图2.3.1所示。

图2.3.1 单量子比特逻辑门的线路符号示例

图2.3.1中，横线表示一个量子比特从左到右按照时序演化的路线，方框表示量子逻辑门。图2.3.1表示一个名为"U"的量子逻辑门作用在这条线路所代表的量子比特上。对于一个处于$|\varphi_0\rangle$的量子态，将这个量子逻辑门作用在上面时，相当于将这个量子逻辑门代表的酉矩阵左乘这个量子态的向量，得到下一个时刻的量子态$|\varphi_1\rangle$：

$$|\varphi_1\rangle = U|\varphi_0\rangle \tag{2.25}$$

式（2.25）对所有单量子比特逻辑门或多量子比特逻辑门都是适用的。对于一个有n量子比特的量子系统，它的演化是通过一个$2^n \times 2^n$的酉矩阵来表达。

2.3.2 常用的单量子比特逻辑门

1. Hadamard 门

Hadamard 门是一种可将计算基态变为叠加态的量子逻辑门，有时简称为 H 门。Hadamard 门作用在单量子比特上，它将基态 $|0\rangle$ 变成 $(|0\rangle+|1\rangle)/\sqrt{2}$，将基态 $|1\rangle$ 变成 $(|0\rangle-|1\rangle)/\sqrt{2}$。

Hadamard 门的矩阵形式为

$$H = \frac{1}{\sqrt{2}}\begin{bmatrix} 1 & 1 \\ 1 & -1 \end{bmatrix}$$

Hadamard 门的线路符号如图 2.3.2 所示。

图 2.3.2　Hadamard 门的线路符号

假设 Hadamard 门作用在任意量子态 $|\psi\rangle=\alpha|0\rangle+\beta|1\rangle$ 上，则得到的新量子态为

$$|\psi'\rangle = H|\psi\rangle = \frac{1}{\sqrt{2}}\begin{bmatrix} 1 & 1 \\ 1 & -1 \end{bmatrix}\begin{bmatrix} \alpha \\ \beta \end{bmatrix} = \frac{1}{\sqrt{2}}\begin{bmatrix} \alpha+\beta \\ \alpha-\beta \end{bmatrix} = \frac{\alpha+\beta}{\sqrt{2}}|0\rangle + \frac{\alpha+\beta}{\sqrt{2}}|1\rangle \tag{2.26}$$

2. Pauli-X 门

Pauli-X 门是经典计算机中 NOT 门的量子等价，它作用在单量子比特上，对量子态进行翻转，量子态变化方式为

$$|0\rangle \to |1\rangle$$
$$|1\rangle \to |0\rangle$$

Pauli-X 门的矩阵形式为泡利矩阵 σ_x：

$$X = \sigma_x = \begin{bmatrix} 0 & 1 \\ 1 & 0 \end{bmatrix} \tag{2.27}$$

在量子领域，Pauli-X 门又称为 NOT 门，线路符号如图 2.3.3 所示。

图 2.3.3　Pauli-X 门的线路符号

假设 NOT 门作用在任意量子态 $|\psi\rangle=\alpha|0\rangle+\beta|1\rangle$ 上，则得到的新量子态为

$$|\psi'\rangle = X|\psi\rangle = \begin{bmatrix} 0 & 1 \\ 1 & 0 \end{bmatrix}\begin{bmatrix} \alpha \\ \beta \end{bmatrix} = \begin{bmatrix} \beta \\ \alpha \end{bmatrix} = \beta|0\rangle + \alpha|1\rangle \tag{2.28}$$

3. Pauli-Y 门

Pauli-Y 门作用在单量子比特上，效果为绕布洛赫球的 Y 轴旋转角度 π。Pauli-Y 门的矩阵形式为泡利矩阵 $\boldsymbol{\sigma}_y$：

$$Y = \boldsymbol{\sigma}_y = \begin{bmatrix} 0 & -\mathrm{i} \\ \mathrm{i} & 0 \end{bmatrix}$$

Pauli-Y 门的线路符号如图 2.3.4 所示。

图 2.3.4　Pauli-Y 门的线路符号

假设 Pauli-Y 门作用在任意量子态 $|\psi\rangle = \alpha|0\rangle + \beta|1\rangle$ 上面，则得到的新量子态为

$$|\psi'\rangle = Y|\psi\rangle = \begin{bmatrix} 0 & -\mathrm{i} \\ \mathrm{i} & 0 \end{bmatrix}\begin{bmatrix} \alpha \\ \beta \end{bmatrix} = \begin{bmatrix} -\mathrm{i}\beta \\ \mathrm{i}\alpha \end{bmatrix} = -\mathrm{i}\beta|0\rangle + \mathrm{i}\alpha|1\rangle \qquad (2.29)$$

4. Pauli-Z 门

Pauli-Z 门作用在单量子比特上，效果为绕布洛赫球 Z 轴旋转角度 π。Pauli-Z 门的矩阵形式为泡利矩阵 $\boldsymbol{\sigma}_z$：

$$Z = \boldsymbol{\sigma}_z = \begin{bmatrix} 1 & 0 \\ 0 & -1 \end{bmatrix}$$

Pauli-Z 门的线路符号如图 2.3.5 所示。

图 2.3.5　Pauli-Z 门的线路符号

假设 Pauli-Z 门作用在任意量子态 $|\psi\rangle = \alpha|0\rangle + \beta|1\rangle$ 上，则得到的新量子态为

$$|\psi'\rangle = Z|\psi\rangle = \begin{bmatrix} 1 & 0 \\ 0 & -1 \end{bmatrix}\begin{bmatrix} \alpha \\ \beta \end{bmatrix} = \begin{bmatrix} \alpha \\ -\beta \end{bmatrix} = \alpha|0\rangle - \beta|1\rangle \qquad (2.30)$$

5. 旋转门

旋转门又称转动算符（Rotation Operator），包括 RX 门、RY 门和 RZ 门。它们分别用不同的泡利矩阵作为生成元构成。

（1）RX 门

RX 门由 Pauli-X 矩阵作为生成元生成，它的矩阵形式为

$$\mathbf{RX}(\theta) \equiv \mathrm{e}^{-\mathrm{i}\theta X/2} = \cos(\frac{\theta}{2})\boldsymbol{I} - \mathrm{i}\sin(\frac{\theta}{2})\boldsymbol{X} = \begin{bmatrix} \cos\dfrac{\theta}{2} & -\mathrm{i}\sin\dfrac{\theta}{2} \\ -\mathrm{i}\sin\dfrac{\theta}{2} & \cos\dfrac{\theta}{2} \end{bmatrix} \qquad (2.31)$$

RX 门的线路符号如图 2.3.6 所示。

图 2.3.6 RX 门的线路符号

假设 $\mathbf{RX}(\pi/2)$ 作用在任意量子态 $|\psi'\rangle = \alpha|0\rangle + \beta|1\rangle$ 上，则得到的新量子态为

$$|\psi'\rangle = \mathbf{RX}(\pi/2)|\psi\rangle = \frac{\sqrt{2}}{2}\begin{bmatrix} 1 & -\mathrm{i} \\ -\mathrm{i} & 1 \end{bmatrix}\begin{bmatrix} \alpha \\ \beta \end{bmatrix}$$

$$= \frac{\sqrt{2}}{2}\begin{bmatrix} \alpha - \mathrm{i}\beta \\ \beta - \mathrm{i}\alpha \end{bmatrix} = \frac{\sqrt{2}(\alpha - \mathrm{i}\beta)}{2}|0\rangle + \frac{\sqrt{2}(\beta - \mathrm{i}\alpha)}{2}|1\rangle \qquad (2.32)$$

（2）RY 门

RY 门由 Pauli-Y 矩阵作为生成元生成，矩阵形式为

$$\mathbf{RY}(\theta) \equiv \mathrm{e}^{-\mathrm{i}\theta Y/2} = \cos(\frac{\theta}{2})\boldsymbol{I} - \mathrm{i}\sin(\frac{\theta}{2})\boldsymbol{Y} = \begin{bmatrix} \cos\dfrac{\theta}{2} & -\sin\dfrac{\theta}{2} \\ \sin\dfrac{\theta}{2} & \cos\dfrac{\theta}{2} \end{bmatrix} \qquad (2.33)$$

RY 门的线路符号如图 2.3.7 所示。

图 2.3.7 RY 门的线路符号

假设 $\mathbf{RY}(\pi/2)$ 作用在任意量子态 $|\psi\rangle = \alpha|0\rangle + \beta|1\rangle$ 上，则得到的新量子态为

$$|\psi'\rangle = \mathbf{RY}(\pi/2)|\psi\rangle = \frac{\sqrt{2}}{2}\begin{bmatrix} 1 & -1 \\ 1 & 1 \end{bmatrix}\begin{bmatrix} \alpha \\ \beta \end{bmatrix}$$

$$= \frac{\sqrt{2}}{2}\begin{bmatrix} \alpha - \beta \\ \alpha + \beta \end{bmatrix} = \frac{\sqrt{2}(\alpha - \beta)}{2}|0\rangle + \frac{\sqrt{2}(\alpha + \beta)}{2}|1\rangle \qquad (2.34)$$

（3）RZ 门

RZ 门又称相位转化门（Phase-shift Gate），由 Pauli-Z 矩阵作为生成元生成，它的矩阵形式为

$$\mathbf{RZ}(\theta) \equiv \mathrm{e}^{-\mathrm{i}\theta Z/2} = \cos(\frac{\theta}{2})\boldsymbol{I} - \mathrm{i}\sin(\frac{\theta}{2})\boldsymbol{Z} = \begin{bmatrix} \mathrm{e}^{-\mathrm{i}\theta/2} & 0 \\ 0 & \mathrm{e}^{\mathrm{i}\theta/2} \end{bmatrix} \qquad (2.35)$$

式（2.35）还可以写为

$$\mathbf{RZ}(\theta) = \begin{bmatrix} \mathrm{e}^{-\mathrm{i}\theta/2} & 0 \\ 0 & \mathrm{e}^{\mathrm{i}\theta/2} \end{bmatrix} = \mathrm{e}^{-\mathrm{i}\theta/2}\begin{bmatrix} 1 & \\ & \mathrm{e}^{\mathrm{i}\theta} \end{bmatrix} \qquad (2.36)$$

由于矩阵 $\begin{bmatrix} \mathrm{e}^{-\mathrm{i}\theta/2} & 0 \\ 0 & \mathrm{e}^{\mathrm{i}\theta/2} \end{bmatrix}$ 和 $\begin{bmatrix} 1 & \\ & \mathrm{e}^{\mathrm{i}\theta} \end{bmatrix}$ 只差一个整体相位（Global Phase）$\mathrm{e}^{-\mathrm{i}\theta/2}$，只考虑单门的话，这两个矩阵构成的量子逻辑门是等价的，即有时 RZ 门的矩阵形式写作

$$\mathbf{RZ}(\theta) = \begin{bmatrix} 1 & 0 \\ 0 & \mathrm{e}^{\mathrm{i}\theta} \end{bmatrix} \qquad (2.37)$$

$$\mathbf{RZ}|0\rangle = \begin{bmatrix} 1 & 0 \\ 0 & \mathrm{e}^{\mathrm{i}\theta} \end{bmatrix}\begin{bmatrix} 1 \\ 0 \end{bmatrix} = \begin{bmatrix} 1 \\ 0 \end{bmatrix} = |0\rangle \qquad (2.38)$$

$$\mathbf{RZ}|1\rangle = \begin{bmatrix} 1 & 0 \\ 0 & \mathrm{e}^{\mathrm{i}\theta} \end{bmatrix}\begin{bmatrix} 0 \\ 1 \end{bmatrix} = \begin{bmatrix} 0 \\ \mathrm{e}^{\mathrm{i}\theta} \end{bmatrix} = \mathrm{e}^{\mathrm{i}\theta}|1\rangle \qquad (2.39)$$

由于全局相位没有物理意义，并没有对计算基（Computational Basis）$|0\rangle$ 和 $|1\rangle$ 做任何改变，而是在原来的态上绕 Z 轴逆时针旋转角度 θ。

RZ 门的线路符号如图 2.3.8 所示。

图 2.3.8 RZ 门的线路符号

假设 $\mathbf{RZ}(\pi/2)$ 作用在任意量子态 $|\psi\rangle = \alpha|0\rangle + \beta|1\rangle$ 上，则得到的新量子态为

$$|\psi'\rangle = \mathbf{RZ}(\pi/2)|\psi\rangle = \begin{bmatrix} 1 & 0 \\ 0 & \dfrac{\sqrt{2}(1+\mathrm{i})}{2} \end{bmatrix}\begin{bmatrix} \alpha \\ \beta \end{bmatrix} \qquad (2.40)$$

$$= \begin{bmatrix} \alpha \\ \dfrac{\sqrt{2}(1+\mathrm{i})}{2}\beta \end{bmatrix} = \alpha|0\rangle + \dfrac{\sqrt{2}(1+\mathrm{i})}{2}\beta|1\rangle \qquad (2.41)$$

RX 门、RY 门、RZ 门意味着将量子态在布洛赫球面上分别绕着 X 轴、Y 轴、Z 轴旋转角度 θ，所以，RX 门、RY 门能带来概率振幅的变化，而 RZ 门只能带来相位的变化。组合使用这 3 种操作，能使量子态在整个布洛赫球面上自由移动。

6. 多量子比特逻辑门

无论是在经典计算还是量子计算中，2 量子比特的运算无疑是建立量子比特之间

联系的重要桥梁。与经典计算中的与门、或门、非门及它们的组合不同,量子逻辑门要求所有的逻辑操作必须是酉变换,所以输入和输出的量子比特数是相等的。

在描述 2 量子比特逻辑门之前,必须要将之前对于单量子比特的表示方式扩展一下。联立两个量子比特或者两个以上的量子比特时,就用到复合系统中量子态演化的假设。

对于 n 量子比特 $|x_{n-1}\cdots x_0\rangle$, n 量子比特系统的计算基就由 2^n 个单位正交向量组成,借助经典比特的进位方式对量子比特进行标记,从左到右依次是二进制中的高位到低位,也就是说 $|x_{n-1}\cdots x_0\rangle$ 中 x_{n-1} 为高位, x_0 为低位。

例如,对于一个 2 量子比特系统,其计算基分别记作

$$|00\rangle = \begin{bmatrix} 1 \\ 0 \\ 0 \\ 0 \end{bmatrix}, \quad |01\rangle = \begin{bmatrix} 0 \\ 1 \\ 0 \\ 0 \end{bmatrix}, \quad |10\rangle = \begin{bmatrix} 0 \\ 0 \\ 1 \\ 0 \end{bmatrix}, \quad |11\rangle = \begin{bmatrix} 0 \\ 0 \\ 0 \\ 1 \end{bmatrix}$$

在 $|01\rangle$ 中,左侧的 0 对应的位为高位,1 对应的位为低位。

2 量子比特逻辑门的线路符号示例如图 2.3.9 所示。

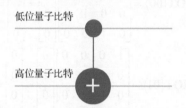

图 2.3.9 2 量子比特逻辑门的线路符号示例

图 2.3.9 中,每根线表示一个量子比特演化的路线,这和单量子比特逻辑门线路符号中的线的意义是相同的,不一样的是这两根线有位次之分,从上到下依次表示从低位到高位的量子比特的演化线路;横跨两条线路的蓝色符号代表将一个 2 量子比特逻辑门作用在这两个量子比特上。图 2.3.9 所示的符号表示受控非(Controlled-NOT,CNOT)门。

7. CNOT 门

CNOT 门是一种得到普遍应用的 2 量子比特逻辑门。

若低位为控制比特,那么它的矩阵形式如下:

$$\mathbf{CNOT} = \begin{bmatrix} 1 & 0 & 0 & 0 \\ 0 & 0 & 0 & 1 \\ 0 & 0 & 1 & 0 \\ 0 & 1 & 0 & 0 \end{bmatrix}$$

低位控制 CNOT 门的线路符号如图 2.3.10 所示。

低位量子比特
为控制比特

高位量子比特
为目标比特

图 2.3.10 低位控制 CNOT 门的线路符号

CNOT 门的线路符号中，实心点所在的路线对应的量子比特称为控制比特（Control Qubit），CNOT 门的符号所在的路线对应的量子比特称为目标比特（Target Qubit）。

假设 CNOT 门分别作用在基态 $|\psi\rangle = |00\rangle, |01\rangle, |10\rangle, |11\rangle$ 上，则得到的新量子态为

$$|\psi'\rangle = \mathbf{CNOT}|00\rangle = \begin{bmatrix} 1 & 0 & 0 & 0 \\ 0 & 0 & 0 & 1 \\ 0 & 0 & 1 & 0 \\ 0 & 1 & 0 & 0 \end{bmatrix}\begin{bmatrix} 1 \\ 0 \\ 0 \\ 0 \end{bmatrix} = \begin{bmatrix} 1 \\ 0 \\ 0 \\ 0 \end{bmatrix} = |00\rangle \qquad (2.42)$$

$$|\psi'\rangle = \mathbf{CNOT}|01\rangle = \begin{bmatrix} 1 & 0 & 0 & 0 \\ 0 & 0 & 0 & 1 \\ 0 & 0 & 1 & 0 \\ 0 & 1 & 0 & 0 \end{bmatrix}\begin{bmatrix} 0 \\ 1 \\ 0 \\ 0 \end{bmatrix} = \begin{bmatrix} 0 \\ 0 \\ 0 \\ 1 \end{bmatrix} = |11\rangle \qquad (2.43)$$

$$|\psi'\rangle = \mathbf{CNOT}|10\rangle = \begin{bmatrix} 1 & 0 & 0 & 0 \\ 0 & 0 & 0 & 1 \\ 0 & 0 & 1 & 0 \\ 0 & 1 & 0 & 0 \end{bmatrix}\begin{bmatrix} 0 \\ 0 \\ 1 \\ 0 \end{bmatrix} = \begin{bmatrix} 0 \\ 0 \\ 1 \\ 0 \end{bmatrix} = |10\rangle \qquad (2.44)$$

$$|\psi'\rangle = \mathbf{CNOT}|11\rangle = \begin{bmatrix} 1 & 0 & 0 & 0 \\ 0 & 0 & 0 & 1 \\ 0 & 0 & 1 & 0 \\ 0 & 1 & 0 & 0 \end{bmatrix}\begin{bmatrix} 0 \\ 0 \\ 0 \\ 1 \end{bmatrix} = \begin{bmatrix} 0 \\ 1 \\ 0 \\ 0 \end{bmatrix} = |01\rangle \qquad (2.45)$$

由于低位量子比特为控制比特，高位量子比特为目标比特，所以当低位量子比特的位置为 1 时，高位量子比特就会被取反；当低位量子比特的位置为 0 时，不对高位量子比特做任何操作。

若高位量子比特为控制比特，那么 CNOT 门具有如下矩阵形式：

$$\mathbf{CNOT} = \begin{bmatrix} 1 & 0 & 0 & 0 \\ 0 & 1 & 0 & 0 \\ 0 & 0 & 0 & 1 \\ 0 & 0 & 1 & 0 \end{bmatrix}$$

高位控制 CNOT 门的线路符号如图 2.3.11 所示。

图 2.3.11 高位控制 CNOT 门的线路符号

假设高位量子比特为控制比特，CNOT 门分别作用在基态 $|\psi\rangle = |00\rangle$，$|01\rangle$，$|10\rangle$，$|11\rangle$ 上，那么，可以计算 4 个 2 量子比特的计算基经 CNOT 门的演化结果，如图 2.3.12 所示。

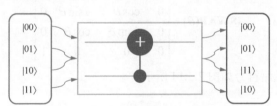

图 2.3.12 4 个 2 量子比特的计算基经 CNOT 门的演化结果

从上面的例子可以看出，CNOT 门的含义就是当控制比特为 $|0\rangle$ 时，目标比特不发生改变；当控制比特为 $|1\rangle$ 时，对目标比特执行 NOT 门（Pauli-X 门）的操作。要注意的是，控制比特和目标比特的地位是不能互换的。

8. CR 门

受控相位门（Controlled Phase Gate）与 CNOT 门相似，通常称为 CR 门或 Cphase 门，其矩阵形式如下：

$$\mathbf{CR}(\theta) = \begin{bmatrix} 1 & 0 & 0 & 0 \\ 0 & 1 & 0 & 0 \\ 0 & 0 & 1 & 0 \\ 0 & 0 & 0 & e^{\mathrm{i}\theta} \end{bmatrix}$$

CR门的线路符号如图2.3.13所示。

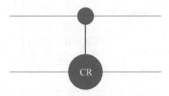

图 **2.3.13** CR门的线路符号

在CR门的线路符号中,含实心点的路线对应的量子比特为控制比特,CR门符号所在的路线对应的量子比特为目标比特。

当控制比特为$|0\rangle$时,目标比特不发生改变;当控制比特为$|1\rangle$时,对目标比特执行RZ门。特殊的是,CR门里交换控制比特和目标比特,矩阵形式不会发生任何改变。

9. iSWAP 门

iSWAP门的主要作用是交换两个量子比特的状态,并且赋予其$\pi/2$相位;经典电路中有SWAP门,iSWAP门则是量子计算中特有的。iSWAP门在某些体系中是较容易实现的2量子比特逻辑门,它是由$\sigma_x \otimes \sigma_x + \sigma_y \otimes \sigma_y$作为生成元生成,需要将矩阵$\sigma_x \otimes \sigma_x + \sigma_y \otimes \sigma_y$对角化。iSWAP门的矩阵表示如下:

$$\mathbf{iSWAP}(\theta) = \begin{bmatrix} 1 & 0 & 0 & 0 \\ 0 & \cos\theta & -\mathrm{i}\sin\theta & 0 \\ 0 & -\mathrm{i}\sin\theta & \cos\theta & 0 \\ 0 & 0 & 0 & 1 \end{bmatrix}$$

iSWAP门的线路符号如图2.3.14所示。

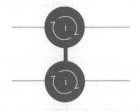

图 **2.3.14** iSWAP门的线路符号

iSWAP门的操作通常会用一个完整的翻转($\theta = \pi/2$的情况)来指代。当角度为iSWAP门的一半($\theta = \pi/4$)时,称之为$\sqrt{\text{iSWAP}}$门。对iSWAP门而言,两个量子比特的地位是对等的,不存在控制和受控的关系。

2.4 量子测量

本节主要介绍量子测量的基本概念,以及量子测量的实现方式。

2.4.1 量子测量的基本概念

在薛定谔的猫的故事中，薛定谔宣称不打开盒子，猫就处于生和死的"叠加态"，如图 2.4.1 所示。他又称："当我们打开盒子，经过了我们的观察，猫就会坍缩到一个确定的生、死状态上"。

图 2.4.1　薛定谔的猫

什么是"观察"之后"坍缩"到确定的状态上？难道不是这个装置而是第一个看到猫的人决定了猫的生死？

这里提出量子的特性：测量和坍缩假设。测量和坍缩对量子态的影响仍然是一个争议话题，所以用了"假设"。这个特性的描述如下：

一个叠加态可以被测量，测量的结果一定是这一组量子化之后的、确定的、分立的态中的一个。测量得到任意的态的概率是这个叠加态和测量态的内积的平方。测量之后，叠加态就会坍缩到这个确定的态上。

简言之，如果一个微观粒子处在 1 楼和 2 楼叠加态，只能测出来它在 1 楼或者 2 楼，这个概率是由它们的叠加权重决定的。也就是说，一旦对这个粒子进行测量，这个粒子的状态就会发生变化，不再是原来那个既在 1 楼又在 2 楼的叠加态，而是处在一个确定的状态（1 楼或 2 楼）。换句话说，测量影响了这个粒子本身的状态。

如前所述，叠加本身是一种客观存在的现象，那么测量、观察这种主观的操作是如何影响到客观叠加的呢？

比较主流的理论是：因为微观粒子太小，测量仪器本身会对这个粒子产生一定的影响，导致粒子本身发生变化。但是，没有足够的证据证明这种说法。下面，从数学的角度介绍测量这个概念。

按照态矢的描述，这两个向量可以构成一个二维空间的基。任何一个态都可以写作这两个基在复数空间上的线性组合：

$$|\psi\rangle = \alpha|0\rangle + \beta e^{i\theta}|1\rangle \tag{2.46}$$

其中，$e^{i\theta}$ 表示模为1、幅角为 θ 的复数。

可以定义测量就是将量子态 $|\psi\rangle$ 投影到另一个态 $|\alpha\rangle$ 上。获得这个态的概率是它们内积的平方：

$$P_\alpha = \left|\langle\psi|\alpha\rangle\right|^2 \tag{2.47}$$

在其他概率下，量子态会被投影到它的正交态上：

$$P_{\alpha\perp} = 1 - P_\alpha \tag{2.48}$$

测量之后，量子态就坍缩到被测量到的态上。

2.4.2 量子测量的实现

与经典的比特不同，一个量子比特 $|\psi\rangle$ 可以同时处于 $|0\rangle$ 和 $|1\rangle$ 两个状态，可用线性代数中的线性组合来表示：

$$|\psi\rangle = \alpha|0\rangle + \beta|1\rangle \tag{2.49}$$

在量子力学中，常称量子比特 $|\psi\rangle$ 处于 $|0\rangle$ 和 $|1\rangle$ 的叠加态，其 α、β 都是复数。二维复向量空间的一组规范正交基 $|0\rangle$ 和 $|1\rangle$ 组成一组计算基。

量子比特的可观测信息不能直接获取，而是通过测量来获取。可观测量在量子理论中由自伴算符（Self-Adjoint Operator）来表征，该算符有时也称为厄米算符（Hermitian Operator）。量子理论中的可观测量与经典力学中的动力学量，如位置、动量和角动量等对应，而系统的其他特征（如质量或电荷）并不属于可观测量，它是作为参数被引入系统的哈密顿量（Hamiltonian）。

在量子力学中，测量会导致坍缩，即测量会影响到原来的量子状态。因此，量子状态的全部信息不可能通过一次测量得到。当对量子比特 $|\psi\rangle$ 进行测量时，仅能得到该量子比特以概率 α^2 处在 $|0\rangle$ 态，或概率 β^2 处在 $|1\rangle$ 态。由于所有情况的概率和为1，因此有 $|\alpha|^2 + |\beta|^2 = 1$。

假设：量子测量是由测量算符（Measurement Operator）的集合 $\{M_i\}$ 来描述，这些算符可以作用在待测量系统的状态空间（State Space）上。指标（Index）i 表示在实验中可能发生的结果。如果测量前的量子系统处在最新状态 $|\psi\rangle$，那么结果 i 发生的概率为

$$p(i) = \langle\psi|M_i^\dagger M_i|\psi\rangle \tag{2.50}$$

并且测量后的系统状态变为

$$\frac{M_i|\psi\rangle}{\sqrt{\langle\psi|M_i^\dagger M_i|\psi\rangle}} \tag{2.51}$$

由于所有可能情况的概率和为1：

$$1 = \sum_i p(i) = \sum_i \langle \psi | M_i^\dagger M_i | \psi \rangle \tag{2.52}$$

因此,测量算符需满足:

$$\sum_i M_i^\dagger M_i = I \tag{2.53}$$

该方程被称为完备性方程(Completeness Equation)。

接下来,考虑计算基下单量子比特的测量。单量子比特在计算基下有两个测量算符,分别是 $M_0 = |0\rangle\langle 0|$、$M_1 = |1\rangle\langle 1|$。注意到这两个测量算符都是自伴的:

$$M_0^\dagger = M_0, M_1^\dagger = M_1 \tag{2.54}$$

且有

$$M_0^2 = M_0, M_1^2 = M_1 \tag{2.55}$$

因此,有

$$M_0^\dagger M_0 + M_1^\dagger M_1 = M_0 + M_1 = I \tag{2.56}$$

该测量算符满足完备性方程。

设系统被测量时的状态是 $|\psi\rangle = \alpha|0\rangle + \beta|1\rangle$,则测量结果为 0 的概率为

$$p(0) = \langle \psi | M_0^\dagger M_0 | \psi \rangle = \langle \psi | M_0 | \psi \rangle = |\alpha|^2 \tag{2.57}$$

对应测量后的状态为

$$\frac{M_0|\psi\rangle}{\sqrt{\langle \psi | M_0^\dagger M_0 | \psi \rangle}} = \frac{M_0|\psi\rangle}{|\alpha|} = \frac{\alpha}{|\alpha|}|0\rangle \tag{2.58}$$

测量结果为 1 的概率为

$$p(1) = \langle \psi | M_1^\dagger M_1 | \psi \rangle = \langle \psi | M_1 | \psi \rangle = |\beta|^2 \tag{2.59}$$

测量后的状态为

$$\frac{M_1|\psi\rangle}{\sqrt{\langle \psi | M_1^\dagger M_1 | \psi \rangle}} = \frac{M_1|\psi\rangle}{|\beta|} = \frac{\beta}{|\beta|}|1\rangle \tag{2.60}$$

量子测量有很多种方式,如投影测量(Projective Measurement)、正算符值测量(Positive Operator-Valued Measure,POVM)。

2.5 量子算法

量子算法是量子计算落地实用的最大驱动力,好的量子算法设计能够更快地推动量子计算的发展。本节主要介绍 4 种经典的量子算法,包含多伊奇-约萨算法(D-J 算法)、格罗弗(Grover)算法、舒尔(Shor)算法及 HHL 算法。

2.5.1 多伊奇-约萨算法

D-J 算法[1]由 David Deutsch 和 Richard Jozsa 在 1992 年提出，这是第一种展示了量子计算和经典计算在解决具体问题时所具有明显差异性的算法。

D-J 算法是这样描述的：给定两个不同类型的函数，通过计算来判断目标函数的类型。该算法可以用来说明量子计算如何在计算能力上远超经典计算。

D-J 算法阐述的问题是：考虑一个函数 $f(x)$，它将 n 个字符串 x 作为输入并返回 0 或 1。注意，n 个字符串也是由 0 和 1 组成。函数形式如图 2.5.1 所示。

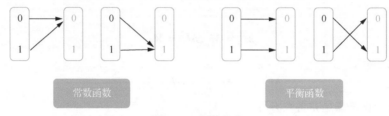

常数函数　　　　　　　　平衡函数

图 2.5.1　函数形式

考虑 $n=1$ 的情况：

$$f:\{0,1\} \to \{0,1\}$$
$$f:\{0,1\}^n \to \{0,1\} \qquad (2.61)$$

这个函数被称为常数函数。如果所有 $f(x)$ 都等于 0 或者都等于 1，有

$$f(x)=0 \text{ 或 } f(x)=1 \qquad (2.62)$$

而如果 $f(x)=0$ 的个数等于 $f(x)=1$ 的个数，则称这个函数为平衡函数。

下面，考虑最简单的情况。当 $n=1$ 时，常数函数的类型是这样的：$f(0)$、$f(1)$ 都指向 0；$f(0)$、$f(1)$ 都指向 1，而平衡函数各占一半。回顾问题，要解决的是：给定输入和输出，如何快捷地判断 $f(x)$ 是常数函数还是平衡函数。

如图 2.5.2 所示，在经典算法中，给定了输入之后，第一步是判断 $f(0)$。$f(x)$ 有两种情况：$f(0)=0$ 或者 $f(0)=1$。先确定 $f(0)$，再判断 $f(1)$，确定了 $f(1)$ 的值之后，就可以确定该函数的类型。整个过程需要两次，才可以判断函数的类型。按照这样的方式，对于经典算法的 n 个输入，f 在最糟糕的情况下必须要 $2^{n-1}+1$ 次才能判断出函数属于哪一类，即需要验证一半数量的数据；而如果使用量子算法，仅需要一次就可以判断出结果。

接下来，通过图 2.5.3 所示的量子线路来理解量子算法是如何解决上述问题的。首先，对所有量子比特都执行 Hadamard 门操作，接着经过黑盒子 U_f，随后对工作比特添加 Hadamard 门，最后进行测量。

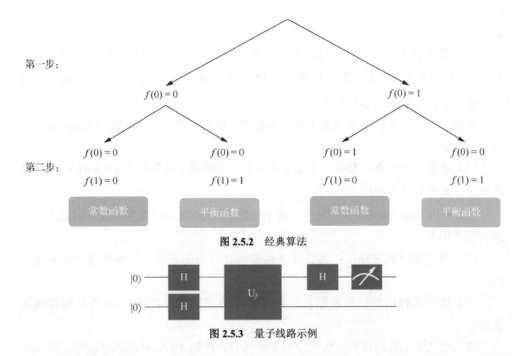

图 2.5.2 经典算法

图 2.5.3 量子线路示例

设输入为函数 $f(x)$，其中 x 是一个 n 比特的二进制数，$f(x)$ 的取值为 0 或 1。D-J 算法的步骤如下。

（1）初始化：$|0\rangle^{\otimes n}|1\rangle$。

（2）使用 Hadamard 门来构建叠加态：

$$\rightarrow \left(\frac{1}{\sqrt{2}}\right)^n \sum_{x=0}^{2^n-1}|x\rangle\left[\frac{|0\rangle-|1\rangle}{\sqrt{2}}\right] \tag{2.63}$$

（3）使用 U_f 来计算函数 f：

$$\rightarrow (-1)^{f(x)}|x\rangle\left[\frac{|0\rangle-|1\rangle}{\sqrt{2}}\right] \tag{2.64}$$

（4）对工作比特添加 Hadamard 门：

$$\rightarrow \frac{1}{\sqrt{2^n}}\sum_z\sum_x(-1)^{xz+f(x)}|z\rangle\left[\frac{|0\rangle-|1\rangle}{\sqrt{2}}\right] \tag{2.65}$$

（5）测量工作位，输出结果，就可以一次性判断出结果。

2.5.2 格罗弗算法

Grover 算法[2]是一种基于量子计算的搜索算法，用于在未排序的数据库中快速找到目标项。它是由 Lov Grover 于 1996 年提出的，被视为量子计算领域的重要突破之一。

在经典计算中，对于一个包含 N 个项的未排序数据库，在最糟糕的情况下需要 $O(N)$ 的时间复杂度才能找到目标项。而 Grover 算法可以在 $O(\sqrt{N})$ 的时间复杂度内找到目标项，实现了明显的加速。

设输入为一个包含 N 个项的未排序数据库，其中只有一个目标项。Grover 算法的基本步骤如下。

（1）准备初始状态：准备一个量子寄存器，它的量子比特数为 $n = \log(N)$。将这些量子比特初始化为 $|0\rangle$。

（2）应用 Hadamard 变换：对所有量子比特应用 Hadamard 变换，使它们进入一个均匀的叠加态。

（3）进行相位翻转操作：将叠加态沿着与目标态的正交方向的轴进行相位翻转操作。

（4）进行求解操作：将叠加态沿着步骤（3）的叠加态所在的轴进行相位翻转操作。

（5）迭代量子振幅放大：迭代应用步骤（3）、步骤（4）。在迭代过程中，叠加态的相位将和目标态越来越接近，表现为叠加态中的解的振幅在迭代中不断被放大。

（6）测量：测量 n 量子比特。

（7）结果判断：如果测量结果与目标项匹配，则算法终止；否则，需要重复步骤（3）和步骤（4）的迭代过程。

Grover 算法的关键是量子振幅放大过程，该过程利用了干涉效应，将解的振幅放大，从而提高了找到解的概率。通过重复迭代这个过程，概率会逐渐增加，最终找到解。

需要注意的是，实际应用中的量子计算机还存在硬件实现和误差纠正等挑战，这限制了 Grover 算法的规模和效率。尽管如此，该算法在解决搜索问题上的潜力还是引起了广泛的关注和研究。

2.5.3 舒尔算法

Shor 算法[3]是一种基于量子计算的算法，由 Peter Shor 在 1994 年提出。该算法可以在多项式时间内分解大整数为其质因数，而传统计算机上的最好算法则需要指数级时间复杂度。

Shor 算法的基本思想是利用量子计算机的并行性和量子纠缠特性来搜索一个周期函数的周期，并通过分析周期来获得大整数的质因数。Shor 算法的步骤如下。

（1）选择一个要分解的大整数 N，确保 N 是合数（非质数）。

（2）随机选择一个小于 N 的整数 a，并确保 a 与 N 互质（最大公约数为 1）。

（3）建立一个量子寄存器，需要足够多的量子比特来表示 N。

（4）初始化第一个寄存器为一个均匀分布的叠加态。

（5）应用 QFT 到第一个寄存器上。

（6）在第二个寄存器上应用一个受控酉门（Controlled Unitary Gate），作用是将第一个寄存器的状态转换为模 N 的指数函数。

（7）对第一个寄存器进行测量，观察到一个周期性的结果。

（8）分析观察到的周期，使用经典算法（如连分数算法）来推断出 N 的质因数。

Shor 算法的关键是 QFT 和受控酉门的实现。这些操作需要通过高度稳定的量子比特和有效的量子纠缠来实现。目前，由于量子计算机的限制和技术挑战，利用 Shor 算法实现大整数的质因数分解仍然具有挑战性。

Shor 算法的提出引起了广泛的关注，并为量子计算领域的发展提供了动力。尽管 Shor 算法在破解公钥加密等领域有潜在应用，但其在实际中的应用受到量子计算机和加密算法的制约。因此，Shor 算法仍然是一个活跃的研究领域，并在量子计算和密码学等领域产生了深远影响。

2.5.4 HHL 算法

HHL 算法[4]是一种基于量子计算的算法，用于解决线性方程组的问题。它的主要思想是利用量子计算机的并行性和干涉效应来加速求解线性方程组的过程。

HHL 算法的关键步骤包括数据编码、酉操作、量子测量和经典计算。首先，在数据编码阶段，线性方程组的矩阵和向量被编码成量子态，并加载到量子寄存器中。接下来，该算法通过一系列酉操作（包括量子相位估计和求逆操作）来处理量子态，以获得线性方程组解的量子表示。然后，对量子态进行测量，得到线性方程组解的概率分布。最后，在经典计算阶段，根据量子测量结果，使用经典计算方法恢复线性方程组的解。

HHL 算法的优势在于它可以在指数级的加速下解决线性方程组问题。然而，该算法面临一些挑战，包括对量子资源的高要求、酉操作的实现，以及测量误差和噪声的影响等。

尽管 HHL 算法在理论上具有指数级加速的潜力，但目前的实际应用还面临着技术和硬件方面的限制。因此，研究人员仍在继续努力改进算法的实现和解决其面临的挑战。

第3章 量子机器学习框架VQNet

量子机器学习框架 VQNet 是用于开发和实现量子机器学习算法的软件工具集合。本章首先介绍量子机器学习框架的背景,然后详细介绍如何使用 VQNet 来进行量子机器学习任务,包括 VQNet 的优化方法、经典模块和量子模块。

3.1 VQNet 与量子机器学习

VQNet 是一款量子机器学习框架,它集经典深度学习框架和量子计算于一体,是一个混合经典量子神经网络计算库。本节主要介绍量子机器学习框架、量子机器学习框架与经典机器学习框架的区别及联系,以及 VQNet 的组成。

3.1.1 量子机器学习框架

量子机器学习框架提供了用于构建、训练和评估量子机器学习模型的工具、库和函数(又称接口),以帮助研究人员和开发者在量子计算环境下执行机器学习任务。

量子机器学习框架通常与量子计算库和量子计算平台集成,以提供对底层量子硬件的访问和控制。它们通常提供了用于构建量子线路、定义量子模型和量子优化问题的高级抽象,并提供了一系列算法和优化工具,以支持量子机器学习任务的开发和研究。

这些框架还提供了用于模拟和执行量子计算的工具,使用户能够在实际量子计算设备不可用或难以访问的情况下进行开发和测试。通过这些框架,研究人员和开发者可以利用量子计算的特性和算法来解决传统机器学习中难以解决或耗时的问题,如量子优化、量子生成模型、量子降维等。

常见的量子机器学习框架有 PennyLane、Qiskit、TensorFlow Quantum、PyQuil、VQNet 等。它们提供了丰富的工具和库,支持从简单的量子线路到复杂的量子机器学习模型的开发和训练。通过使用这些框架,研究人员和开发者可以探索和利用量子计算的潜力,为解决复杂的机器学习问题提供新的方法和技术。

3.1.2 量子机器学习框架与经典机器学习框架的区别及联系

量子机器学习框架与经典机器学习框架在计算模型、算法特点及计算能力方面存在一些区别，而在数据预处理、模型训练和评估以及应用场景方面存在一些联系。

在计算模型方面，量子机器学习框架基于量子计算模型，利用量子比特和量子逻辑门进行计算；经典机器学习框架则基于经典计算模型，使用经典比特和经典运算进行计算。在算法特点方面，量子机器学习框架专注于开发和实现适用于量子计算的算法和模型，利用量子计算的特性（如量子叠加、量子纠缠等）来解决特定的机器学习问题；经典机器学习框架则主要关注经典计算环境下的机器学习算法和模型。在计算能力方面，量子机器学习框架具有利用量子计算的潜力，可以在一些特定问题上提供更强的计算能力和更高的效率，如量子优化、量子生成模型等；经典机器学习框架则适用于广泛的机器学习问题，但在处理一些复杂问题时可能存在计算复杂性的限制。

对于二者之间的联系，无论是量子机器学习框架还是经典机器学习框架，数据的预处理都是必不可少的步骤，二者都提供了用于数据加载、处理、转换和特征工程的工具和库。在模型训练和评估方面，二者都提供了用于模型训练和评估的工具和算法，虽然可能具体的训练和评估算法不同，但是基本的机器学习原理和技术仍然适用。在应用场景方面，量子机器学习框架和经典机器学习框架都可以应用于各种机器学习任务，如分类、回归、聚类等，具体如何选择则取决于问题的性质、数据的特点及可用的计算资源。

总的来说，量子机器学习框架和经典机器学习框架在计算模型、算法特点和计算能力等方面存在区别，但在数据处理、模型训练和评估等方面有一些共同点。可以根据具体需求的不同，选择合适的框架或将二者结合起来，以利用各自的优势来解决机器学习问题。

3.1.3　VQNet 的组成

VQNet 不仅可以进行经典神经网络计算和数据操作，还可以进行量子计算和量子数据操作。VQNet 能够让用户建立经典神经网络与量子神经网络并存的量子-经典混合神经网络进行训练和学习，从而完成相应的功能。通过有效地连接机器学习和量子算法，提供一个研究和测试机器学习算法的平台，VQNet 能够让用户通过建立量子线路来实现量子态纠缠、演化、测量等操作。VQNet 能训练混合的神经网络和变分量子线路（Variational Quantum Circuit，VQC），从而能够建立深度量子-经典混合神经网络。VQNet 的核心架构如图 3.1.1 所示。

1. 张量基础模块

对于一个机器学习框架，张量基础模块的实现是核心计算和量子网络模块搭建的关键。张量基础模块决定了上层应用的实现。VQNet 的张量基础模块包括：张量的创建函数、张量的数学运算函数、张量的逻辑计算函数，以及张量的变换函数。

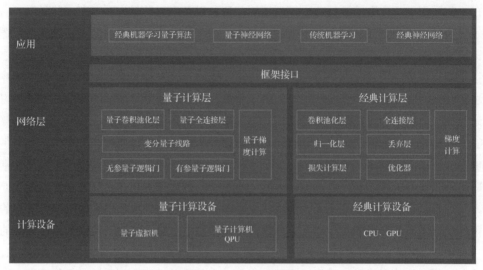

图 3.1.1 VQNet 的核心架构

2．经典神经网络模块

VQNet 提供了卷积神经网络（Convolutional Neural Network，CNN）、池化函数、归一化函数、RNN、激活函数、全连接层函数、优化器函数，以及底层的各硬件调用切换模块等。这些核心计算模块，使得用户可以快速、便捷地构建量子网络。

3．量子计算模块

在量子计算模块的构建中，VQNet 实现了 VQC 梯度计算，并封装了多个可进行 VQC 自动微分的量子计算层（Quantum Layer）。通过开源量子计算编程框架 QPanda，VQNet 支持在 GPU、本源量子云、含噪声虚拟机等多个后端进行计算。此外，VQNet 实现了多个量子机器学习常用的线路组合、测量方法，方便用户进行模块化的量子模型搭建。基于量子机器学习最新进展，VQNet 还实现了二十多种量子机器学习算法，涵盖监督学习、非监督学习、GAN、图像分析、NLP 等多个领域。

3.2 VQNet 的模型与优化

在量子机器学习模型中，有一大类方法采用了 VQC 构建量子神经网络，用来解决各种机器学习中的优化问题。本节介绍如何使用经典梯度、量子梯度、自动微分、模型训练及模型优化等方法更好地解决各种量子机器学习问题。

3.2.1 经典梯度与量子梯度

量子机器学习模型中的一大类是使用 VQC 构成量子神经网络模型，以求解经典机器学习中优化问题。

经典机器学习一般使用梯度下降法进行模型优化，因此需要同时对经典计算函数和量子计算函数进行梯度计算。由于梯度与导数相关，本节先介绍导数的相关概念。

首先，介绍数值微分如何求导。导数是微积分中的概念，它用来表示这个函数在这一点附近的变化率。导数的本质是通过极限的概念对函数进行局部的线性逼近。当函数 f 的自变量在一点 x_0 上产生一个增量 h_0 时，如果函数输出值的增量与自变量增量 h 的比值在 h 趋近 0 时存在极限，即为 f 在 x_0 处的导数，记作 $\dfrac{\mathrm{d}y}{\mathrm{d}x}(x_0)$。

为了更好地减小导数的计算误差，通常采用中心有限差分近似法（Central Finite Difference Approximation，简称中心差分法）进行导数计算，计算函数 f 在 $(x+h)$ 和 $(x-h)$ 之间的差分，因为这种计算方法以 x 为中心，计算它两边的差分。

利用微小的差分求导数的过程称为数值微分（Numerical Differentiation）。基于数学表达式的推导求导数的过程则用"解析性"（Analytic）一词，称为"解析性求解"或"解析性求导"。例如，$y = \cos x$ 的导数，可以通过 $\dfrac{\mathrm{d}f}{\mathrm{d}x} = -\sin x$ 解析性地求解出来。因此，当 $x = 0$ 时，y 对 x 的导数为 0。利用解析性求导得到的导数是不含误差的"真的导数"。

机器学习模型中的计算函数更加复杂，一般包含不止一个自变量，函数相对于每个自变量的导数称为偏导数。偏导数将多个变量中的某一个变量定为目标变量，并将其他变量固定为某个值。对于新定义的函数，可以应用之前的求数值微分的函数或解析法，得到每个自变量的偏导数。

偏导数为函数在每个位置沿自变量坐标轴方向的导数（切线斜率）。如果方向不是坐标轴方向，而是任意方向，则为方向导数。

方向导数为函数在某一个方向上的导数。具体地，定义 xy 平面上的一个点 (a,b) 及单位向量 $\boldsymbol{u} = (\cos\theta, \sin\theta)$，在曲面 $z = f(x,y)$ 上，从点 (a,b) 出发，沿着 $\boldsymbol{u} = (\cos\theta, \sin\theta)$ 走过单位长度 t 后，函数值为 $F(t) = f(a + t\cos\theta, b + t\sin\theta)$。点 (a,b) 处沿着 $\boldsymbol{u}$ 方向的方向导数定义为

$$
\begin{aligned}
&\frac{\mathrm{d}}{\mathrm{d}t} f(a + t\cos\theta, b + t\sin\theta)\bigg|_{t=0} \\
&= \frac{\partial}{\partial x} f(a,b)\frac{\mathrm{d}x}{\mathrm{d}t} + \frac{\partial}{\partial y} f(a,b)\frac{\mathrm{d}y}{\mathrm{d}t} \\
&= f_x'(a,b)\cos\theta + f_y'(a,b)\sin\theta \\
&= \left(f_x'(a,b), f_y'(a,b)\right)(\cos\theta, \sin\theta)
\end{aligned} \tag{3.1}
$$

在向量微积分中，梯度（Gradient）是一种关于多元导数的概括。平常的一元（单变量）函数的导数是标量值函数，而多元函数的梯度是向量值函数。多元可微函数 f 在点

(a,b) 上的梯度，是以 f 在点 (a,b) 的偏导数为分量的向量 $\{f_x(a,b),f_y(a,b)\}$，记为 ∇f。

梯度方向表示某个函数在该点处的方向导数沿着该方向取得最大值，即函数在该点处沿着该方向（此梯度的方向）变化最快、变化率最大（为该梯度的模）。

$$|\nabla f| = \sqrt{\left[f_x'(x,y)\right]^2 + \left[f_y'(x,y)\right]^2} \tag{3.2}$$

经典神经网络的各种函数一般由基本函数构成，可以用基本导数公式等方法来计算函数的复合导数及梯度函数。

VQC 中的参数导数遵循相似的概念计算。VQC 的输出（可观察的期望）可以写成"量子函数" $f(\theta)$，$\theta = \{\theta_1, \theta_2, \cdots\}$。$f(\theta)$ 的偏导数在许多情况下可以表示为其他量子函数的线性组合。重要的是，这些量子函数通常使用相同的线路，不同之处仅在于参数的转变。这意味着可以使用相同的 VQC 架构计算 VQC 中参数的偏导数。通过评估参数移位后线路的期望差值来获得偏导数的方法称为参数移位规则（Paramters Shift Rule）。注意，当在这里谈到导数时，实际上指的是由预期值的估计产生的结果。即使量子节点给出了准确的期望（如在经典模拟器上），从数值角度计算出的导数依旧是真实导数的近似值。

假设量子线路由一系列量子逻辑门指定，线路进行的酉变换可以分解为酉变换的乘积：

$$U(x;\theta) = U_N(\theta_N)U_{N-1}(\theta_{N-1})\cdots U_i(\theta_i)\cdots U_1(\theta_1)U_0(x) \tag{3.3}$$

这些量子逻辑门中的每一个都是单一的，必须具有 $U_j(\gamma_j) = \exp(i_{\gamma_j}\boldsymbol{H}_j)$ 的形式，其中 $\boldsymbol{H}_j$ 是使用 γ_j 作为参数生成的量子逻辑门的厄米算符。这些厄米算符具有等距频谱（如所有常见的量子比特参数化门）。

接着，以多个量子逻辑门构成的线路为例，推导量子线路中参数的梯度计算方式。可以合并 U_i 之前应用的任何量子逻辑门到初态：

$$|\psi_{i-1}\rangle = U_{i-1}(\theta_{i-1})\cdots U_1(\theta_1)U_0(x)|0\rangle \tag{3.4}$$

同样，将在 U_i 之后应用的所有量子逻辑门与可观察的测量算符 $\hat{\boldsymbol{B}}$ 结合，可得

$$\hat{\boldsymbol{B}}_{i+1} = U_N^\dagger(\theta_N)\cdots U_{i+1}^\dagger(\theta_{i+1})\hat{\boldsymbol{B}}U_{i+1}(\theta_{i+1})\cdots U_N(\theta_N) \tag{3.5}$$

通过这种简化，量子线路函数变为

$$f(x;\theta) = \langle\psi_{i-1}|U_i^\dagger(\theta_i)\hat{\boldsymbol{B}}_{i+1}U_i(\theta_i)|\psi_{i-1}\rangle = \langle\psi_{i-1}|\boldsymbol{\mathcal{M}}_{\theta_i}(\hat{\boldsymbol{B}}_{i+1})|\psi_{i-1}\rangle \tag{3.6}$$

梯度可以表示为

$$\nabla_{\theta_i}f(x;\theta) = \langle\psi_{i-1}|\nabla_{\theta_i}\boldsymbol{\mathcal{M}}_{\theta_i}(\hat{\boldsymbol{B}}_{i+1})|\psi_{i-1}\rangle \tag{3.7}$$

就线路而言，这意味着当想要对参数 θ_i 进行微分时，可以保留所有其他门，只修改 $U_i(\theta_i)$ 即可。

考虑具有以下形式的参数化门：

$$U_i(\theta_i) = \exp\left(-\mathrm{i}\frac{\theta_i}{2}\hat{P}_i\right) \tag{3.8}$$

这个酉矩阵的梯度可以表示为

$$\nabla_{\theta_i} U_i(\theta_i) = -\frac{\mathrm{i}}{2}\hat{P}_i U_i(\theta_i) = -\frac{\mathrm{i}}{2}U_i(\theta_i)\hat{P}_i \tag{3.9}$$

其中，$\hat{P}_i$ 为泡利算符。

将式（3.9）代入量子线路函数 $f(x;\theta)$ 可得

$$\begin{aligned}
\nabla_{\theta_i} f(x;\theta) &= \frac{\mathrm{i}}{2}\langle\psi_{i-1}|U_i^\dagger(\theta_i)\left(P_i\hat{B}_{i+1} - \hat{B}_{i+1}P_i\right)U_i(\theta_i)|\psi_{i-1}\rangle \\
&= \frac{\mathrm{i}}{2}\langle\psi_{i-1}|U_i^\dagger(\theta_i)\left[P_i,\hat{B}_{i+1}\right]U_i(\theta_i)|\psi_{i-1}\rangle
\end{aligned} \tag{3.10}$$

其中，$[X,Y] = XY - YX$。

接下来，使用式（3.11）：

$$\left[\hat{P}_i,\hat{B}\right] = -\mathrm{i}\left(U_i^\dagger\left(\frac{\pi}{2}\right)\hat{B}U_i\left(\frac{\pi}{2}\right) - U_i^\dagger\left(-\frac{\pi}{2}\right)\hat{B}U_i\left(-\frac{\pi}{2}\right)\right) \tag{3.11}$$

将式（3.11）代入式（3.10），可以得到梯度表达式：

$$\begin{aligned}
\nabla_{\theta_i} f(x;\theta) &= \frac{1}{2}\langle\psi_{i-1}|U_i^\dagger\left(\theta_i + \frac{\pi}{2}\right)\hat{B}_{i+1}U_i\left(\theta_i + \frac{\pi}{2}\right)|\psi_{i-1}\rangle \\
&\quad - \frac{1}{2}\langle\psi_{i-1}|U_i^\dagger\left(\theta_i + \frac{\pi}{2}\right)\hat{B}_{i+1}U_i\left(\theta_i + \frac{\pi}{2}\right)|\psi_{i-1}\rangle
\end{aligned} \tag{3.12}$$

最终，式（3.12）简化为参数移位规则的最终梯度计算方式：

$$\begin{aligned}
\nabla_{\theta_i} f(x;\theta) &= \frac{1}{2}\langle\psi_{i-1}|U_i^\dagger\left(\theta_i + \frac{\pi}{2}\right)\hat{B}_{i+1}U_i\left(\theta_i + \frac{\pi}{2}\right)|\psi_{i-1}\rangle \\
&\quad - \frac{1}{2}\langle\psi_{i-1}|U_i^\dagger\left(\theta_i + \frac{\pi}{2}\right)\hat{B}_{i+1}U_i\left(\theta_i + \frac{\pi}{2}\right)|\psi_{i-1}\rangle
\end{aligned} \tag{3.13}$$

3.2.2 自动微分

自动微分（Automatic Differentiation，AD）是一种对计算机程序进行高效且准确求导的技术，在 20 世纪六七十年代就已经被广泛应用于流体力学、天文学、数学、金融等领域。时至今日，自动微分的实现及其理论仍然是一个活跃的研究领域。随着近些年深度学习在越来越多的机器学习任务中取得领先成果，自动微分被广泛地应用于机器学习领域。许多机器学习模型使用的优化算法都需要获取模型的导数，因此自动微分技术成为一些流行的机器学习框架（如 TensorFlow 和 PyTorch）的核心技术。量子机器学习模型同样可以使用自动微分对 VQC 中的梯度进行计算，从而为模型参数优化提供前置条件。

根据链式法则组合顺序的不同，自动微分可以分为正向模式（Forward Mode）和反向模式（Reverse Mode）。对于一个复合函数 $y = a\big(b(c(x))\big)$，梯度值 $\dfrac{\mathrm{d}y}{\mathrm{d}x}$ 的计算公式为

$$\frac{\mathrm{d}y}{\mathrm{d}x} = \frac{\mathrm{d}y}{\mathrm{d}a}\frac{\mathrm{d}a}{\mathrm{d}b}\frac{\mathrm{d}b}{\mathrm{d}c}\frac{\mathrm{d}c}{\mathrm{d}x} \tag{3.14}$$

正向模式的自动微分是从输入方向开始计算梯度的，计算公式为

$$\frac{\mathrm{d}y}{\mathrm{d}x} = \left(\frac{\mathrm{d}y}{\mathrm{d}a}\left(\frac{\mathrm{d}a}{\mathrm{d}b}\left(\frac{\mathrm{d}b}{\mathrm{d}c}\frac{\mathrm{d}c}{\mathrm{d}x}\right)\right)\right) \tag{3.15}$$

反向模式的自动微分是从输出方向开始计算梯度值的，计算公式为

$$\frac{\mathrm{d}y}{\mathrm{d}x} = \left(\left(\left(\frac{\mathrm{d}y}{\mathrm{d}a}\frac{\mathrm{d}a}{\mathrm{d}b}\right)\frac{\mathrm{d}b}{\mathrm{d}c}\right)\frac{\mathrm{d}c}{\mathrm{d}x}\right) \tag{3.16}$$

下面以 $y = x_1 x_2 - \sin x_1$ 为例，介绍上述两种模式的计算方式，希望计算函数在 $(x_1, x_2) = (2, 3)$ 处的导数，如式（3.17）和式（3.18）所示。

$$
\begin{aligned}
w_1 &= x_1 = 2 \\
w_2 &= x_2 = 3 \\
w_3 &= w_1 w_2 = 6 \\
w_4 &= \sin w_1 = \sin 2 \\
w_5 &= w_3 - w_4 = 6 - \sin 2 \\
y &= w_5 = 6 - \sin 2
\end{aligned} \tag{3.17}
$$

$$
\begin{aligned}
\frac{\partial y}{\partial y} &= 1 \\[4pt]
\frac{\partial y}{\partial w_5} &= 1 \\[4pt]
\frac{\partial y}{\partial w_4} &= \frac{\partial y}{\partial w_5}\frac{\partial w_5}{\partial w_4} = 1 \times (-1) = -1 \\[4pt]
\frac{\partial y}{\partial w_3} &= \frac{\partial y}{\partial w_5}\frac{\partial w_5}{\partial w_3} = 1 \times 1 = 1 \\[4pt]
\frac{\partial y}{\partial w_2} &= \frac{\partial y}{\partial w_3}\frac{\partial w_3}{\partial w_2} = 1 \times w_1 = w_1 \\[4pt]
\frac{\partial y}{\partial w_1} &= \frac{\partial y}{\partial w_3}\frac{\partial w_3}{\partial w_1} + \frac{\partial y}{\partial w_4}\frac{\partial w_4}{\partial w_1} = w_2 - \cos w_1 \\[4pt]
\frac{\partial y}{\partial x_1} &= 3.41 \\[4pt]
\frac{\partial y}{\partial x_2} &= 2
\end{aligned} \tag{3.18}
$$

正向模式自动微分与反向模式自动微分的计算过程分别如式（3.17）和式（3.18）所示。式（3.17）是源程序分解后得到的基本操作集合，表示 $x_1 = 2$、$x_2 = 3$ 时的正向计算结果。式（3.18）运用了链式法则（Chain Rule）和已知的求导规则，表示 $x_1 = 2$、$x_2 = 3$ 时的反向梯度计算结果：从 $\bar{y} = \dfrac{\partial y}{\partial y} = 1$ 开始，由下至上地计算每一个中间变量的导数 $\bar{w}_i = \dfrac{\partial y_j}{\partial w_i}$，从而计算出输入自变量 x_1、x_2 相对于 y 的导数 $\bar{x}_1 = \dfrac{\partial y}{\partial x_1}$、$\bar{x}_2 = \dfrac{\partial y}{\partial x_2}$。

反向模式自动微分每次计算的是函数的某一个输出对任一个输入的偏微分，也就是雅可比矩阵（Jacobian Matrix）的某一行，如式（3.19）所示。因此，通过运行 m 次反向模式自动微分，就可以得到整个雅可比矩阵：

$$\left[\frac{\partial y_1}{\partial x_1} \quad \cdots \quad \frac{\partial y_j}{\partial x_n} \right] \tag{3.19}$$

进一步地，可以通过计算向量雅可比积（Vector-Jacobian Product）的方式来计算雅可比矩阵的一行。初始化 $\bar{y} = r$，在已知基本操作的求导规则的前提下，应用链式法则从 $\bar{y} = r$ 的输出到输入传播求导结果，从而最后得到雅可比矩阵中的一行，具体操作如式（3.17）所示。

$$\boldsymbol{r}^{\mathrm{T}} \boldsymbol{J}_f = [r_1 \quad \cdots \quad r_m] \begin{bmatrix} \dfrac{\partial y_1}{\partial x_1} & \cdots & \dfrac{\partial y_1}{\partial x_n} \\ \vdots & \ddots & \vdots \\ \dfrac{\partial y_m}{\partial x_1} & \cdots & \dfrac{\partial y_m}{\partial x_n} \end{bmatrix} \tag{3.20}$$

在函数输入个数远远大于输出个数（$f: \boldsymbol{R}^n \to \boldsymbol{R}^m, n \gg m$）时，由于迭代次数与雅可比矩阵的行数相关，因此反向模式自动微分计算梯度时间复杂度优于正向模式自动微分，这使得反向模式自动微分成为反向传播算法使用的核心技术之一。

3.2.3 模型训练

利用量子梯度及经典梯度的计算方法，就可以进行最关键的量子机器学习模型的训练和优化。

对模型进行训练时，首先需要设定一个损失函数，作为训练优化的方向。模型训练的目标是使这个损失函数最小，如使用均方误差（Mean Square Error，MSE）来衡量两个向量之间的距离。MSE 的定义为

$$\mathcal{L}_{\mathrm{MSE}} = \frac{1}{N} \| \boldsymbol{y} - \hat{\boldsymbol{y}} \|_2^2 = \frac{1}{N} \sum_{i=1}^{N} (y_i - \hat{y}_i)^2 \tag{3.21}$$

其中，N 表示数据样本的数量，用来求平均；$\boldsymbol{y}$ 表示真实标签（Ground Truth）；$\hat{\boldsymbol{y}}$ 表

示网络输出的预测标签。

分类任务可以用交叉熵（Cross Entropy，CE）损失来作为损失函数，当且仅当输出标签和预测标签一样时，损失值才为 0。交叉熵损失的定义为

$$\mathcal{L}_{\text{CE}} = -\frac{1}{N}\sum_{i=1}^{N}\left[y_i\log\hat{y}_i + (1-y_i)\log(1-\hat{y}_i)\right] \tag{3.22}$$

有了损失值之后，就可以利用大量真实标签的数据和梯度下降方法来更新模型参数。开始的时候，模型的参数是随机选取的，随后求出损失值对参数的偏导数 $\frac{\partial\mathcal{L}}{\partial W}$，通过反复迭代 $W := W - \alpha\frac{\partial\mathcal{L}}{\partial W}$ 来完成优化。这个优化的过程其实就可以降低损失值以达到任务目标，其中 α 是控制优化幅度的学习率（Learning Rate）。在实践中，梯度下降最终得到的损失函数最小值很可能是一个局部最小值，而不是全局最小值。不过，由于深度神经网络拥有很强的数据表达能力，所以局部最小值可以很接近损失函数全局最小值。

3.2.4 模型优化

量子机器学习模型可以使用与经典神经网络一样的梯度下降法进行参数优化。简单的问题可以采用遍历、启发式算法、退火算法等进行参数确定。但如果模型具有复杂的结果（如当前流行的深度神经网络、堆叠多层的 VQC 等，往往包含数以百万计的参数），就需要采用梯度下降法进行参数优化。

那么，如何在深度神经网络中实现梯度下降呢？这需要计算出网络中每层参数的偏导数 $\frac{\partial\mathcal{L}}{\partial W}$，可以用反向传播（Back Propagation）来实现。接下来，可以引入一个中间值 $\delta = \frac{\partial\mathcal{L}}{\partial z}$ 来表示损失函数 $\mathcal{L}$ 对神经网络输出 z（未经过激活函数）的偏导数，并最终得到 $\frac{\partial\mathcal{L}}{\partial W}$。

下面用一个例子来介绍反向传播算法，设层序号为 $l = 1, 2, \cdots, L$（输出层序号为 L）。每个网络层都有输出 z^l、中间值 $\delta^l = \frac{\partial\mathcal{L}}{\partial z^l}$ 和一个激活值输出 $a^l = f(z^l)$（其中 f 为激活函数）。假设模型是使用 Sigmoid 激活函数的多层感知器，损失函数是 MSE。也就是说，设定网络结构 $z^l = W^l a^{l-1} + b^l$、激活函数 $a^l = f(z^l) = \frac{1}{1+\mathrm{e}^{-z^l}}$、损失函数 $\mathcal{L} = \frac{1}{2}\|y - a^L\|_2^2$，可以直接算出激活输出对原输出的偏导数：

$$\frac{\partial \boldsymbol{a}^l}{\partial \boldsymbol{z}^l} = f'(\boldsymbol{z}^l) = f(\boldsymbol{z}^l)\left(1 - f(\boldsymbol{z}^l)\right) = \boldsymbol{a}^l\left(1 - \boldsymbol{a}^l\right) \tag{3.23}$$

以及损失函数对激活输出的偏导数：

$$\frac{\partial \mathcal{L}}{\partial \boldsymbol{a}^L} = \left(\boldsymbol{a}^L - \boldsymbol{y}\right) \tag{3.24}$$

有了这些后，为了进一步得到损失函数对每一个参数的偏导数，可以使用链式法则。首先，从输出层（$l=L$，最后一层）开始向后方传播误差，根据链式法则，计算输出层的中间量：

$$\boldsymbol{\delta}^L = \frac{\partial \mathcal{L}}{\partial \boldsymbol{z}^L} = \frac{\partial \mathcal{L}}{\partial \boldsymbol{a}^L}\frac{\partial \boldsymbol{a}^L}{\partial \boldsymbol{z}^L} = \left(\boldsymbol{a}^L - \boldsymbol{y}\right) \odot \left[\boldsymbol{a}^L\left(1 - \boldsymbol{a}^L\right)\right] \tag{3.25}$$

除了输出层 $l = L$ 的中间值 $\boldsymbol{\delta}^L$，其他层 $l = 1, 2, \cdots, L-1$ 的中间值 $\boldsymbol{\delta}^l$ 也同样按照链式法则进行计算。

已知模型结构 $\boldsymbol{z}^{l+1} = \boldsymbol{W}^{l+1}\boldsymbol{a}^l + \boldsymbol{b}^{l+1}$，可以直接得到 $\frac{\partial \boldsymbol{z}^{l+1}}{\partial \boldsymbol{a}^l} = \boldsymbol{W}^{l+1}$；并且由于激活函数的导数的公式是一样的，即 $\frac{\partial \boldsymbol{a}^l}{\partial \boldsymbol{z}^l} = \boldsymbol{a}^l\left(1 - \boldsymbol{a}^l\right)$，可以递推出：

$$\boldsymbol{\delta}^l = \frac{\partial \mathcal{L}}{\partial \boldsymbol{z}^l} = \frac{\partial \mathcal{L}}{\partial \boldsymbol{z}^{l+1}}\frac{\partial \boldsymbol{z}^{l+1}}{\partial \boldsymbol{a}^l}\frac{\partial \boldsymbol{a}^l}{\partial \boldsymbol{z}^l} = \left(\boldsymbol{W}^{l+1}\right)^{\mathrm{T}} \boldsymbol{\delta}^{l+1} \odot \left[\boldsymbol{a}^l\left(1 - \boldsymbol{a}^l\right)\right] \tag{3.26}$$

根据上面的计算，得到所有层的中间值 $\boldsymbol{\delta}^l(l = 1, 2, \cdots, L)$ 后，就可以在此基础上求出损失函数对每层参数的偏导数 $\frac{\partial \mathcal{L}}{\partial \boldsymbol{W}^L}$、$\frac{\partial \mathcal{L}}{\partial \boldsymbol{b}^L}$，以此来根据梯度下降法更新模型每一层的参数。

已知模型结构 $\boldsymbol{z}^l = \boldsymbol{W}^l\boldsymbol{a}^{l-1} + \boldsymbol{b}^l$，可以求出 $\frac{\partial \boldsymbol{z}^l}{\partial \boldsymbol{W}^l} = \boldsymbol{a}^{l-1}$ 和 $\frac{\partial \boldsymbol{z}^l}{\partial \boldsymbol{b}^l} = 1$。根据链式法则，易得 $\frac{\partial \boldsymbol{z}^l}{\partial \boldsymbol{W}^l} = \frac{\partial \mathcal{L}}{\partial \boldsymbol{z}^l}\frac{\partial \mathcal{L}}{\partial \boldsymbol{W}^l} = \boldsymbol{\delta}^l\left(\boldsymbol{a}^{l-1}\right)^{\mathrm{T}}$、$\frac{\partial \mathcal{L}}{\partial \boldsymbol{b}^l} = \frac{\partial \mathcal{L}}{\partial \boldsymbol{z}^l}\frac{\partial \boldsymbol{z}^l}{\partial \boldsymbol{b}^l} = \boldsymbol{\delta}^l$。

求得所有偏导数 $\frac{\partial \mathcal{L}}{\partial \boldsymbol{W}^l}$ 和 $\frac{\partial \mathcal{L}}{\partial \boldsymbol{b}^l}$，所有的参数可以使用梯度下降法进行参数更新：

$$\boldsymbol{W}^l := \boldsymbol{W}^l - \alpha\frac{\partial \mathcal{L}}{\partial \boldsymbol{W}^l} \tag{3.27}$$

$$\boldsymbol{b}^l := \boldsymbol{b}^l - \alpha\frac{\partial \mathcal{L}}{\partial \boldsymbol{b}^l} \tag{3.28}$$

以上是由经典全连接神经网络及激活函数构成的经典机器学习模型。对于任意模块为一个 VQC 的量子机器学习，同样可以使用上述量子梯度计算方法结合梯度下降法进行参数更新。设由 N 个 VQC 层构成的模型中的每一层都是一个酉矩阵：

$$\boldsymbol{U}(\theta) = \boldsymbol{U}_N(\theta_N)\boldsymbol{U}_{N-1}(\theta_{N-1})\cdots\boldsymbol{U}_i(\theta_i)\cdots\boldsymbol{U}_1(\theta_1)\boldsymbol{U}_0(\theta_0) \tag{3.29}$$

根据链式法则及参数偏移法则，可以求所有的偏导数：

$$\frac{\partial \mathcal{L}}{\partial \boldsymbol{U}^l} = \frac{\partial \mathcal{L}}{\partial \boldsymbol{z}^l} \frac{\partial \boldsymbol{z}^l}{\partial \boldsymbol{U}^l} = \boldsymbol{\delta}^l \frac{1}{2} \left[f\left(\theta_l + \frac{\pi}{2}\right) - f\left(\theta_l - \frac{\pi}{2}\right) \right] \tag{3.30}$$

其中，$z = \boldsymbol{U}_l(\theta_l)$。

VQC 中的参数同样可以使用梯度下降法进行参数更新：

$$\boldsymbol{U}^l := \boldsymbol{U}^l - \alpha \frac{\partial \mathcal{L}}{\partial \boldsymbol{U}^l} \tag{3.31}$$

不难发现，使用以上梯度下降时，每更新一次参数，都需要计算一次当前参数下的损失值。然而，当训练数据集很大时，若每次更新都用整个训练集来计算损失值，计算量会非常大。为了减少计算量，使用随机梯度下降（Stochastic Gradient Descent, SGD）来计算损失值。具体来说，计算损失值时不用全部训练数据，而是从训练数据集中随机选取一些数据样本来计算损失值，如选取 16、32、64 或 128 个数据样本，样本的数量被称为批大小（Batch Size）。此外，学习率的设定也非常重要。如果学习率太高，可能无法接近损失函数最小值；如果太小，训练又太慢。自适应学习率（如 Adam 等）能够在训练的过程中自动修改，从而实现模型的快速收敛，到达损失函数最小值。

3.3 VQNet 的基本数据结构

本节介绍两种关键的数据结构：经典机器学习框架中的张量（Tensor）和 VQNet 中的张量（QTensor），并讨论如何使用这些数据结构执行各种重要的函数操作。通过本节的学习，读者将深入了解 QTensor 这种关键数据结构的特点和用法，为后续的量子机器学习建模和算法开发提供坚实的基础。

3.3.1 Tensor 与 QTensor

在流行的机器学习框架中，需要通过定义一个数据结构来表示模型中各种函数的计算所需的不同维度数据，一般使用张量这个概念。

Tensor 是一个可用来表示一些向量、标量与其他张量的线性关系的多线性函数，这些线性关系的基本例子有内积、外积、线性映射以及笛卡儿积。它是坐标在 n 维空间内，有 n^r 个分量的一种量，其中每个分量都是坐标的函数，而在坐标变换时，这些分量也依照某些规则进行线性变换。r 称为该张量的秩或阶（与矩阵的秩和阶均无关系）。在 VQNet 中，使用 QTensor 表示张量，它具有创建函数、数学计算、逻辑计算、张量变换等基础功能。

3.3.2 QTensor 函数与属性

VQNet 用户可以使用不同维度的数组或者 numpy 数组构建不同维度的 QTensor。通过 shape 属性，用户可以检查不同维度 QTenser 的生成情况。示例代码如下。

```
1.  import numpy as np
2.  from pyvqnet.tensor import QTensor
3.  a = np.arange(6).reshape([2, 3]).astype(np.float32)+1
4.  t = QTensor(a)
5.  print(t.shape)
6.  print(t.ndim)
7.  print(t.numel())
8.  a = [[[1,1,3],[2,2,4]],[[5,5,3.2],[5,5,3.2]]]
9.  t = QTensor(a)
10. print(t.shape)
11. print(t.ndim)
12. print(t.numel())
```

除了一般多维数组的属性，QTensor 作为机器学习框架的基础部分，承担着保存和传递梯度的作用。当其 require_grad 属性为 True 时，若该 QTensor 参与了模型的反向传播，将计算其梯度。QTensor 的反向传播计算梯度的函数为 backward()。

下面的代码可以求出 $y = 2x + 3$ 中 x 的梯度函数。推而广之，通过自动微分，使用 VQNet 提供的更复杂的函数、神经网络层及量子计算层构建的模型，用户均可以利用 backward() 计算梯度。

```
1.  from pyvqnet.tensor import QTensor
2.  target = QTensor([[0., 0., 1., 0., 0., 0., 0., 0., 0., 0.]],
requires_grad=True)
3.  y = 2*target + 3
4.  y.backward()
5.  print(target.grad)
```

3.3.3 创建函数

针对机器学习框架中对不同数据初始化的需求，VQNet 提供了创建 QTensor 的多个函数。例如，ones、zeros、full、randu、randn 可以分别生成不同维度的全一、全零、填充、均匀分布、正态分布的 QTensor。示例代码如下。

```
1.  from pyvqnet.tensor import tensor
2.  from pyvqnet.tensor import QTensor
3.  x = tensor.ones([2, 3])
4.  print(x)
5.  shape = [2, 3]
6.  value = 42
7.  t = tensor.full(shape, value)
```

```
8.   print(t)
9.   t = tensor.zeros([3,5])
10.  print(t)
11.  shape = [2, 3]
12.  t = tensor.randu(shape)
13.  print(t)
14.  shape = [2, 3]
15.  t = tensor.randn(shape)
16.  print(t)
```

VQNet 还提供了创建一个在给定间隔内具有均匀间隔值的一维 QTensor 函数 arange()，创建一个元素为区间中间隔均匀且具有特定数量的一维张量函数 linspace()，以及在对数刻度上创建具有均匀间隔值的一维张量函数 logspace()。示例代码如下。

```
1.   from pyvqnet.tensor import tensor
2.   t = tensor.arange(2, 30, 4)
3.   print(t)
4.   start, stop, num = -2.5, 10, 10
5.   t = tensor.linspace(start, stop, num)
6.   print(t)
7.   start, stop, steps, base = 0.1, 1.0, 5, 10
8.   t = tensor.logspace(start, stop, steps, base)
9.   print(t)
```

除此之外，VQNet 还提供了对角线矩阵创建函数 eye()、多项式概率分布生成函数 multinomial()、上三角矩阵函数 triu()、下三角矩阵函数 tril()。示例代码如下。

```
1.   from pyvqnet.tensor import tensor
2.   from pyvqnet.tensor import QTensor
3.   size = 3
4.   t = tensor.eye(size)
5.   print(t)
6.   weights = tensor.QTensor([0.,10., 3., 1])
7.   idx = tensor.multinomial(weights,3)
8.   print(idx)
9.   a = tensor.arange(1.0, 2 * 1 * 2 + 1.0).reshape([2, 1, 2])
10.  u = tensor.triu(a, 1)
11.  print(u)
12.  a = tensor.arange(1.0, 2 * 1 * 2 + 1.0).reshape([2, 1, 2])
13.  u = tensor.tril(a, 1)
14.  print(u)
```

3.3.4 数字函数

经典机器学习模型中需要大量的数学计算，不仅包括常见的初等函数（常函数、幂函数、指数函数、对数函数、三角函数和反三角函数），还包括高维数组上的归约计算（求均值、方差、求和、排序等）。本节介绍 VQNet 实现的相关函数，当参与计算的 QTensor 的 requires_grad 为 True 时，还可以在未来调用 backward()函数时自动计算梯度。

通过重载 Python 运算符，用户可以直接对 QTensor 之间以及 QTensor 与数字之间进行计算。此外，当两个 QTensor 之间的形状可以广播时，可以计算不同形状的 QTensor。

两个 QTensor 之间可以广播的定义如下。对于两个数组，分别比较它们的每一个维度（若其中一个数组没有当前维度则忽略），满足：数组拥有相同的形状，当前维度的值相等，当前维度的值有一个是 1。

广播的规则如下。

（1）让所有输入数组都向其中最长的数组看齐，形状中不足的部分都通过在前面加 1 补齐。

（2）输出数组的形状是输入数组形状的各个维度上的最大值。

（3）输入数组的某个维度和输出数组的对应维度的长度相同或者其长度为 1 时，这个数组能够用来计算，否则出错。

（4）当输入数组的某个维度的长度为 1 时，沿着此维度运算时都用此维度上的第一组值。

下面的代码为可广播的多个 QTensor 之间的数学计算，使用了包括三角函数、幂指数运算、四则运算组成的复合运算。其中，维度为[3]的 QTensor 被广播到了[2,3]并进行计算。

```
1.  from pyvqnet.tensor import *
2.  from pyvqnet.tensor import QTensor
3.  size = 3
4.  t1 =randu([2,3])
5.  t2 = randn([3])
6.  t1.requires_grad = True
7.  y = t1*t2+exp(t2)-log(t1)
8.  y1 = acos(t1)+sin(t2)+cos(t2)-asin(t1)
9.  y2 = tan(t1)- atan(t2)
10. y3 = square(y1)/sqrt(y2)
11. y4 = sinh(cosh(tanh(y3)))
12. print(y4.shape)
```

读者可自行根据以上广播规则尝试不同维度的 QTensor 之间是否可以广播，例如将[2,1,3]广播到[1,1,2,1,3]。

考虑到 QTensor 具有多个维度的性质，机器学习框架还需要支持按某个轴进行归约的操作。例如，下面的代码是对维度为[4,3]的 QTensor 分别按行和列求平均。在 VQNet 中，仅需要指定 axis=0（按行对列求平均）或 axis=1（按列对行求平均）。这种可以指定轴的函数包括 mean()、var()、std()、sums()、sort()、topK()、median()等。

```
1.  from pyvqnet.tensor import tensor
2.  size = 3
3.  t1 = tensor.randu([4,3])
4.  print(t1)
5.  t3= tensor.mean(t1,axis=1)
6.  print(t3)
7.  t3= tensor.mean(t1,axis=0)
8.  print(t3)
```

此外，VQNet 还支持对二维、三维、四维 QTensor 进行矩阵乘法。

对于两个二维 QTensor 的乘法，不难想到的是依据基础的矩阵乘法公式进行计算：对于形状为[a,b]的二维 QTensor **A** 及形状为[b,c]的二维 QTensor **B**，矩阵结果 **C** 的形状为[a,c]，其中每个元素的计算方式为

$$C_{xy} = A_{x1}B_{1y} + \cdots + A_{xb}B_{yb} = \sum_{k=1}^{b} A_{xk}B_{ky} \tag{3.32}$$

两个三维 QTensor 的乘法是机器学习中常常遇见的多批次数据之间的矩阵乘法：若 Batch 表示批量数据的批大小，对于形状为[Batch,m,n]的三维 QTensor **A** 及形状为[Batch,n,k]的三维 QTensor **B**，将 Batch 个[m,n]矩阵和 Batch 个[n,k]矩阵分别相乘，最终可得到形状为[Batch,m,k]的三维 QTensor 计算结果 **C**。示例代码如下。

```
1.  for b = 1 to Batch:
2.      for x = 1 to m:
3.          for y = 1 to n:
4.              C[b,x,y] = 0
5.              for z = 1 to k:
6.                  C[b,x,y] = C[b,x,y] + A[b,x,z]*B[b,z,y]
7.  return C
```

依此类推，对于形状为[Batch,CH,m,n]的四维 QTensor（如多张图像数据）以及形状为[Batch,c,n,k]的张量，同样定义 matmul 函数，对其除前两个维度以外的矩阵进行乘法操作，代码如下。

```
1.  for b = 1 to Batch:
2.      for ch = 1 to CH:
3.          for x = 1 to m:
4.              for y = 1 to n:
5.                  C[b,ch,x,y] = 0
6.                  for z = 1 to k:
7.                      C[b,ch,x,y] = C[b,ch,x,y] + A[b,ch,x,z]*B
[b,ch,z,y]
8.  return C
```

下面是使用 matmul 函数分别对二维、三维、四维 QTensor 执行乘法操作的示例代码。

```
1.  from pyvqnet.tensor import tensor
2.  size = 3
```

```
3.    t1 = tensor.randu([2,3])
4.    t2 = tensor.randu([3,1])
5.    print(tensor.matmul(t1,t2))
6.    t1 = tensor.randu([2,2,3])
7.    t2 = tensor.randu([2,3,1])
8.    print(tensor.matmul(t1,t2))
9.    t1 = tensor.randu([2,3,2,3])
10.   t2 = tensor.randu([2,3,3,1])
11.   print(tensor.matmul(t1,t2))
```

3.3.5 逻辑函数

VQNet 提供了与、或、非等多种逻辑函数，如将两个 QTensor 数据按元素进行与操作 logical_and()、非操作 logical_not()、或操作 logical_or()、异或操作 logical_xor()、等于操作 equal()、大于操作 greater()、大于等于操作 greater_equal()等。用户还可以通过重载的运算符进行两个 QTensor 之间的逻辑比较。读者可自行运行以下示例代码，观察结果。

```
1.    from pyvqnet.tensor import tensor
2.    size = 3
3.    t1 = tensor.randu([2,2])
4.    t2 = tensor.randu([2,2])
5.    print(t1>t2)
6.    print(t1>=t2)
7.    print(t1<=t2)
8.    print(t1==t2)
9.    print(t1!=t2)
10.   print(tensor.logical_and(t1,t2))
11.   print(tensor.logical_not(t1))
12.   print(tensor.logical_xor(t1,t2))
13.   print(tensor.logical_or(t1,t2))
```

3.3.6 矩阵操作

VQNet 提供了矩阵变换相关的操作，即 QTensor 变换的相关函数。reshape()函数可以将 QTensor 变换到任意维度，只要其内部元素数量不变。sequeeze()及 unsequeeze()是一组相反的操作。squeeze()可以将形状为[2,3,1,4,3]的 QTensor 中的第 3 个维度删除，变成[2,3,4,3]，只要指定输入参数 axis=2。unsqueeze()则是对形状为[2,3,4,3]的 QTensor 在 axis=2 作为输入参数时插入长度为 1 的维度。不难发现，这两个函数与 reshape()一样不会改变数据内部的顺序，只会改变形状。而 permute()、swapaxis()、transpose()等操作就会对数据内部的顺序进行修改。permute()会根据用户输入的轴的索引顺序，重新排布 QTensor 的数据顺序及形状。permute()的示例代码如下。

```
1.    from pyvqnet.tensor import tensor
```

```
2.  from pyvqnet.tensor import QTensor
3.  import numpy as np
4.  R, C = 3, 4
5.  a = np.arange(R * C).reshape([2,2,3]).astype(np.float32)
6.  t = QTensor(a)
7.  tt = tensor.permute(t,[2,0,1])
8.  print(tt)
9.  # [
10. # [[0.0000000, 3.0000000],
11. #  [6.0000000, 9.0000000]],
12. # [[1.0000000, 4.0000000],
13. #  [7.0000000, 10.0000000]],
14. # [[2.0000000, 5.0000000],
15. #  [8.0000000, 11.0000000]]
16. # ]
```

　　stack()、concatenate()、tile()也是机器学习模型常用的变换函数。其中，stack()会沿着指定轴堆叠输入多个 QTensor，并且堆叠结果中 QTensor 的维度比原来多 1；concatenate()则是在不增加新维度的基础上堆叠输入 QTensor；tile()会根据输入指定的重复次数 N，在输入中 QTensor 的不同维度上复制原始元素 N 次。tile()一般用于数据预处理时复制数据，示例代码如下。

```
1.  from pyvqnet.tensor import tensor
2.  from pyvqnet.tensor import QTensor
3.  import numpy as np
4.  a = np.arange(6).reshape(2,3).astype(np.float32)
5.  A = QTensor(a)
6.  reps = [2,2]
7.  B = tensor.tile(A,reps)
8.  print(B)
9.  # [
10. # [0.0000000, 1.0000000, 2.0000000, 0.0000000, 1.0000000,
2.0000000],
11. # [3.0000000, 4.0000000, 5.0000000, 3.0000000, 4.0000000,
5.0000000],
12. # [0.0000000, 1.0000000, 2.0000000, 0.0000000, 1.0000000,
2.0000000],
13. # [3.0000000, 4.0000000, 5.0000000, 3.0000000, 4.0000000,
5.0000000]
14. # ]
```

3.3.7 实用函数

　　VQNet 提供了一些对 QTensor 操作比较实用的函数，如 to_tensor()、pad_sequence()等。to_tensor()的作用是将输入数值或 numpy.ndarray 等转换为 QTensor，示例代码如下。

```
1.   from pyvqnet.tensor import tensor
2.   t = tensor.to_tensor(10.0)
3.   print(t)
4.   # [10.0000000]
```

pad_sequence()是沿新维度堆叠 QTensor 列表，并将它们填充到相等的长度。它输入是列表大小为 $L \times X$ 的序列，L 是可变长度。示例代码如下。

```
1.   from pyvqnet.tensor import tensor
2.   a = tensor.ones([4, 2,3])
3.   b = tensor.ones([1, 2,3])
4.   c = tensor.ones([2, 2,3])
5.   a.requires_grad = True
6.   b.requires_grad = True
7.   c.requires_grad = True
8.   y = tensor.pad_sequence([a, b, c], True)
9.   print(y)
10.  # [
11.  # [[[1.0000000, 1.0000000, 1.0000000],
12.  #  [1.0000000, 1.0000000, 1.0000000]],
13.  # [[1.0000000, 1.0000000, 1.0000000],
14.  #  [1.0000000, 1.0000000, 1.0000000]],
15.  # [[1.0000000, 1.0000000, 1.0000000],
16.  #  [1.0000000, 1.0000000, 1.0000000]],
17.  # [[1.0000000, 1.0000000, 1.0000000],
18.  #  [1.0000000, 1.0000000, 1.0000000]]],
19.  # [[[1.0000000, 1.0000000, 1.0000000],
20.  #  [1.0000000, 1.0000000, 1.0000000]],
21.  # [[0.0000000, 0.0000000, 0.0000000],
22.  #  [0.0000000, 0.0000000, 0.0000000]],
23.  # [[0.0000000, 0.0000000, 0.0000000],
24.  #  [0.0000000, 0.0000000, 0.0000000]],
25.  # [[0.0000000, 0.0000000, 0.0000000],
26.  #  [0.0000000, 0.0000000, 0.0000000]]],
27.  # [[[1.0000000, 1.0000000, 1.0000000],
28.  #  [1.0000000, 1.0000000, 1.0000000]],
29.  # [[1.0000000, 1.0000000, 1.0000000],
30.  #  [1.0000000, 1.0000000, 1.0000000]],
31.  # [[0.0000000, 0.0000000, 0.0000000],
32.  #  [0.0000000, 0.0000000, 0.0000000]],
33.  # [[0.0000000, 0.0000000, 0.0000000],
34.  #  [0.0000000, 0.0000000, 0.0000000]]]]
35.  # ]
```

3.4 VQNet 的经典模块

本节介绍 VQNet 中的经典模块，包括 Module 类、经典网络层、损失函数、激活函数及优化算法。通过学习本节，读者将掌握 VQNet 中经典模块的原理和用法，为构建和训练量子–经典混合神经网络模型奠定坚实的基础。

3.4.1　Module 类与经典网络层

第 3.3 节介绍了 QTensor 的一些函数，但它们实现的功能往往比较简单，而复杂的神经网络模块往往是基本操作的组合。在机器学习模型中，一般定义个 Module 类来完成一些常见的神经网络功能，如卷积层、池化层、RNN 相关层等。要通过 Module 类搭建神经网络模型，Module 类不仅应该包含模块正向计算、反向计算的函数，还应该具有成员变量模型可训练参数、模型不可训练缓存量等属性，以及从磁盘中读取训练参数的功能。

VQNet 提供了 forward()、backward()、parameters()，以及模型参数字典 state_dict()、保存参数 save_parameters()、载入参数 load_parameters()等。示例代码如下。

```
1.  from pyvqnet.tensor import tensor
2.  from pyvqnet.utils.storage import load_parameters, save_parameters
3.  from pyvqnet.nn import *
4.  c1 = 2
5.  c2 = 3
6.  cin = 2
7.  cout = 2
8.  Layer = Linear(cin, cout)
9.  x = tensor.arange(1, c1 * c2 * cin + 1).reshape((c1, c2, cin))
10. y = Layer.forward(x)
11. y.backward()
12. print(Layer.state_dict())
13. print(Layer.parameters())
14. save_parameters(Layer.state_dict(),"model.pkl")
15. print(load_parameters("model.pkl"))
```

卷积层是神经网络中常见的一种用于计算机视觉的模块，可以产生一组平行的特征图（Feature Map），它通过在输入图像上滑动不同的卷积核并执行一定的运算而组成。此外，在每一个滑动的位置上，卷积核与输入图像之间会执行一次元素对应相乘并求和的运算，以将感受野内的信息投影到特征图中的一个元素。一次滑动的距离可称为步长 S，它是控制输出特征图尺寸的一个因素。卷积核的尺寸要比输入图像小得多，且重叠或平行地作用于输入图像中。一张特征图中的所有元素都是通过一个卷积核计算得出的，即一张特征图共享了相同的权重和偏置项。

1.　接收形状为 B*W1*H1*D1 的张量：B 为批大小，W1 为输入张量宽度，H1 为输入张量长度，D1 为输入张量深度；

2.　输入超参数：过滤器数量 K，参数核大小 F，步幅 S，填充数量 P；

3. 输出一个形状为 B*W2*H2*D2 的张量：B 为批大小，W2 为输出张量宽度，H2 为输出张量长度，D2 为输出张量深度；

4. W2=(W1-F+2P)/S+1；

5. H2=(H1-F+2P)/S+1；

6. D2=K。

VQNet 提供了二维卷积 Conv2D 函数、一维卷积 Conv1D 函数，以及转置卷积 ConvT2D 函数。此外，VQNet 还提供了平均池化层（AvgPool2D、AvgPool1D）、最大池化层（MaxPool2D、MaxPool1D）等池化层。池化（Pooling）是 CNN 中的重要概念，它实际上是一种非线性形式的降采样。最大池化是将输入的图像划分为若干个矩形区域，输出每个子区域的最大值；平均池化是输出每个子区域的平均值。

池化层会不断地减小数据的空间，大大降低模型的参数量，这是因为一个特征的精确位置远不及它相对于其他特征的粗略位置重要。通常来说，通过卷积层可以很容易地发现图像中的各种边缘。但是，卷积层发现的特征往往过于精确，即使对一个物体进行高速连拍，照片中的物体的边缘像素位置也不大可能完全一致，池化层则可以降低卷积层对边缘的敏感性。

批归一化层（Batch Normalization）是谷歌于 2015 年提出的一个神经网络模块，它一定限度地缓解了深层网络中"梯度弥散"的问题，从而使得训练深层网络模型更加容易和稳定。批归一化层的具体操作如图 3.4.1 所示。

输入：	一个批次中所有输入数据 $x:B=\{x_1,\cdots,x_m\}$
输出：	可学习参数：γ、β、$y_i=BN_{\gamma,\beta}(x_i)$
μ_B：	$\leftarrow \frac{1}{m}\sum_{i=1}^{m} x_i$ //平均
σ_B^2：	$\leftarrow \frac{1}{m}\sum_{i=1}^{m}(x_i-\mu_B)^2$ //平均
$\hat{x_i}$：	$\leftarrow \frac{x_i-\mu_B}{\sqrt{\sigma_B^2+\epsilon}}$ //归一化
y_i：	$\leftarrow \hat{\gamma}x_i+\beta \equiv BN_{\gamma,\beta}(x_i)$ //尺度缩放与偏移

图 3.4.1 批归一化层的具体操作

批归一化层通过归一化的方法，使每个特征图具有相同的均值和方差，并通过引入可学习的参数来恢复原数据的表达能力。因此，该层不仅减少了整个模型的网络中因参数变化而引起的内部节点数据分布变化，还通过缩放和偏移保留了原始数据的分布特征。

在 NLP 领域，还会需要用到 RNN 相关层，如 RNN、LSTM 网络及门控循环单元（Gated Recurrent Unit，GRU）等。

传统的 RNN 为最基础的 RNN，其公式为

$$h_t = \tanh\left(W_{ih}x_t + b_{ih} + W_{hh}h_{t-1} + b_{hh}\right) \tag{3.33}$$

其中，h_t 为 t 时刻的输出，h_{t-1} 为 $t-1$ 时刻的历史输出，W_{ih}、W_{hh}、b_{hh} 等均为 RNN 的内部矩阵。可见，RNN 的作用是通过保存 $t-1$ 时刻的历史值来影响 t 时刻的输出。

LSTM 网络为了解决 RNN 梯度消失的问题，将整体结构转变为输入门、遗忘门、记忆门、输出门，保留了长时间历史数据，如式（3.34）～式（3.40）所示。

$$h_t = \tanh\left(W_{ih}x_t + b_{ih} + W_{hh}h_{t-1} + b_{hh}\right) \tag{3.34}$$

$$i_t = \sigma\left(W_{ii}x_t + b_{ii} + W_{hi}h_{t-1} + b_{hi}\right) \tag{3.35}$$

$$f_t = \sigma\left(W_{if}x_t + b_{if} + W_{hf}h_{t-1} + b_{hf}\right) \tag{3.36}$$

$$g_t = \tanh\left(W_{ig}x_t + b_{ig} + W_{hg}h_{t-1} + b_{hg}\right) \tag{3.37}$$

$$o_t = \sigma\left(W_{io}x_t + b_{io} + W_{ho}h_{t-1} + b_{ho}\right) \tag{3.38}$$

$$c_t = f_t \odot c_{t-1} + i_t \odot g_t \tag{3.39}$$

$$h_t = o_t \odot \tanh c_t \tag{3.40}$$

其中，i_t、f_t、o_t、c_t 分别为 t 时刻输入门、遗忘门、输出门、记忆门的值。

GRU 改进了 LSTM 网络的结构，降低了 LSTM 网络的复杂度，计算公式为

$$r_t = \sigma\left(W_{ir}x_t + b_{ir} + W_{hr}h_{t-1} + b_{hr}\right) \tag{3.41}$$

$$z_t = \sigma\left(W_{iz}x_t + b_{iz} + W_{hz}h_{t-1} + b_{hz}\right) \tag{3.42}$$

$$n_t = \tanh\left(W_{in}x_t + b_{in} + r_t\left(W_{hn}h_{t-1} + b_{hn}\right)\right) \tag{3.43}$$

$$h_t = \left(1 - z_t\right)n_t + z_t h_{t-1} \tag{3.44}$$

其中，i_t、f_t、o_t、c_t 分别为 t 时刻输入门、遗忘门、输出门、记忆门的值。

下面是 VQNet 使用经典神经网络的示例代码。

```
1.  from pyvqnet.nn import *
2.  layer = Conv2D(2, 3, (3, 3), (2, 2), "same", True)
3.  layer = ConvT2D(3, 2, [3, 3], [1, 1])
4.  layer = Conv1D(2, 3, 3, 2, "same", True)
5.  layer = BatchNorm2d(4)
6.  layer = AvgPool1D([2], [2], "same")
7.  layer = AvgPool2D([2, 2], [2, 2], "same")
8.  layer = MaxPool2D([2, 2], [2, 2], "same")
9.  layer = MaxPool1D([2], [2], "same")
```

```
10. rnn = GRU(4,6,3, batch_first=False, bidirectional=False, use_
bias=False)
11. rnn = LSTM(4,6,3, batch_first=False, bidirectional=False, use_
bias=False)
12. rnn = RNN(4,6,3, batch_first=False, bidirectional=False, use_
bias=False)
```

3.4.2 损失函数

损失函数是机器学习模型中不可或缺的一部分，因为机器学习模型的目标就是最小化损失函数。第 3.2.3 小节介绍了交叉熵（CE）损失函数及均方根误差（MSE）损失函数，它们可分别归类到解决机器学习分类问题的损失函数及解决机器学习回归问题的损失函数。

VQNet 提供了 BinaryCrossEntropy()、SoftmaxCrossEntropy()、NLL_Loss()、Mean SquaredError()等多种计算损失函数的函数。读者也可以使用第 3.3 节介绍的 QTensor 相关函数自行构建其他损失函数。

本小节着重介绍 BinaryCrossEntropy()与 SoftmaxCrossEntropy()的区别。

通常，模型的输出范围是不定的。因此，为了稳定模型训练，一般会先增加一个 Softmax 层或其他激活层，将输出规范化到 0~1 之间。接着，使用这个 0~1 之间的值表示模型预测的分类概率，并与真实标签计算交叉熵。其中，BinaryCrossEntropy()适用于输出已被规范化到 0~1 的情况：

$$\ell(x,y) = \boldsymbol{L} = \{l_1, \cdots, l_N\}^{\mathrm{T}}, l_n = -w_n \left[y_n \log x_n + (1-y_n) \log(1-x_n) \right] \quad (3.45)$$

SoftmaxCrossEntropy()则会对任意大小的预测值先进行 Softmax，再计算交叉熵：

$$\mathrm{loss}(x,y) = -\log\left(\frac{\exp(x_{\mathrm{class}})}{\sum_j \exp(x_j)} \right) = -x_{\mathrm{class}} + \log\left(\sum_j \exp(x_j) \right) \quad (3.46)$$

BinaryCrossEntropy()与 SoftmaxCrossEntropy()的示例代码如下。

```
1.  from pyvqnet.tensor import QTensor
2.  from pyvqnet.nn import SoftmaxCrossEntropy,BinaryCrossEntropy
3.  x = QTensor([[0.3, 0.7, 0.2], [0.2, 0.3, 0.1]], requires_grad=
True)
4.  y = QTensor([[0, 1, 0], [0, 0, 1]], requires_grad=True)
5.  loss_result = BinaryCrossEntropy()
6.  result = loss_result(y, x)
7.  result.backward()
8.  print(result)
9.  x = QTensor([[1, 2, 3, 4, 5],
10. [1, 2, 3, 4, 5],
11. [1, 2, 3, 4, 5]], requires_grad=True)
```

```
12. y = QTensor([[0, 1, 0, 0, 0], [0, 1, 0, 0, 0], [1, 0, 0, 0, 0]],
requires_grad=True)
13. loss_result = SoftmaxCrossEntropy()
14. result = loss_result(y, x)
15. result.backward()
16. print(result)
```

3.4.3 激活函数

非线性问题的特征必须用非线性函数来描述。这个目标大多是神经网络通过在仿射变换之后添加一个被称为激活函数的固定非线性函数来实现。VQNet 提供了多种常见的激活函数：Sigmoid()、Softplus()、Softsign()、Softmax()、HardSigmoid()、ReLu()、LeakyRelu()、ELU()、Tanh()。激活函数应该具有这些特性：引入非线性有助于优化网络、不过度增加计算成本、不妨碍梯度流动、保持原始数据分布。

激活函数的示例代码如下。

```
1.  from pyvqnet.tensor import QTensor
2.  from pyvqnet.nn import *
3.  x = QTensor([-0.3,0,0.5,2])
4.  relu= ReLu()
5.  y = relu(x)
6.  y = LeakyReLu(0.05)(x)
7.  y = Softmax(axis=-1)(x)
8.  y = Softplus()(x)
9.  y = Softsign()(x)
10. y = HardSigmoid()(x)
11. y = Sigmoid()(x)
12. y = ELU(0.3)(x)
13. y= Tanh()(x)
```

3.4.4 优化算法

神经网络模型中应用最普遍的小批量随机梯度下降（Mini-batch Stochastic Gradient Descent）算法的核心是使用一个批次的数据的梯度下降方向代替全数据的梯度下降方向，以降低计算复杂度。

除了最原始的梯度下降算法之外，考虑到历史梯度的变化值，VQNet 提供了带动量的梯度下降优化算法，示例代码如下。

```
1.  from pyvqnet.optim import sgd
2.  from pyvqnet.tensor import QTensor,tensor
3.  param = tensor.arange(1,25).reshape([1,2,3,4])
4.  param.grad = tensor.arange(1,25).reshape([1,2,3,4])
5.  params = [param]
6.  opti = sgd.SGD(params,momentum=0.9)
```

```
7.    for i in range(1,3):
8.        opti.step()
9.        print(param)
```

AdaGrad 算法是一种让学习率适应参数的基于梯度的优化算法。对于出现次数较少的特征，AdaGrad 算法对其采用较大的学习率；对于出现次数较多的特征，AdaGrad 算法对其采用较小的学习率。AdaGrad 算法的示例代码如下。

```
1.    from pyvqnet.optim import *
2.    from pyvqnet.tensor import QTensor,tensor
3.    param = tensor.arange(1,25).reshape([1,2,3,4])
4.    param.grad = tensor.arange(1,25).reshape([1,2,3,4])
5.    params = [param]
6.    opti = Adagrad(params)
7.    for i in range(1,3):
8.        opti.step()
9.        print(param)
```

AdaDelta 算法是 AdaGrad 算法的一种扩展算法，可以解决 AdaGrad 算法学习速率单调递减的问题，示例代码如下。

```
1.    from pyvqnet.optim import *
2.    from pyvqnet.tensor import QTensor,tensor
3.    param = tensor.arange(1,25).reshape([1,2,3,4])
4.    param.grad = tensor.arange(1,25).reshape([1,2,3,4])
5.    params = [param]
6.    opti = Adadelta(params)
7.    for i in range(1,3):
8.        opti.step()
9.        print(param)
```

与 AdaGrad 算法不同，RMSProp 算法不会直接累加平方梯度，而是通过一个衰减系数来控制历史信息的获取量。RMSProp 算法的示例代码如下。

```
1.    from pyvqnet.optim import *
2.    from pyvqnet.tensor import QTensor,tensor
3.    param = tensor.arange(1,25).reshape([1,2,3,4])
4.    param.grad = tensor.arange(1,25).reshape([1,2,3,4])
5.    params = [param]
6.    opti = RMSProp(params)
7.    for i in range(1,3):
8.        opti.step()
9.        print(param)
```

Adam 优化器是一种常用的优化算法，它结合了 AdaGrad 算法和 RMSProp 算法的优点，可以自动进行学习率调整，对梯度的一阶矩估计和二阶矩估计进行综合考虑，从而计算出更新步长。Adam 优化器的示例代码如下。

```
1.    from pyvqnet.optim import *
2.    from pyvqnet.tensor import QTensor,tensor
```

```
3.    param = tensor.arange(1,25).reshape([1,2,3,4])
4.    param.grad = tensor.arange(1,25).reshape([1,2,3,4])
5.    params = [param]
6.    opti = Adam(params)
7.    for i in range(1,3):
8.        opti.step()
9.        print(param)
```

3.5　VQNet 的量子模块

本节介绍 VQNet 中的量子计算层（Quantum Layer）、量子逻辑层、量子线路组合、量子测量模块及量子算法模块。通过学习本节，读者可深入地了解 VQNet 中的量子模块，获得量子-经典混合神经网络中应用量子计算的重要基础知识。

3.5.1　量子计算层

量子计算层是 VQNet 中为 VQC 设计的一个模块，与经典神经网络的卷积层等一样。量子计算层可以嵌入整个神经网络模型，经典的输出数据可以作为量子计算层中 VQC 的可变量子逻辑门参数输入。量子计算层中 VQC 在经典虚拟机、量子芯片上的测量结果或哈密顿量期望则可以作为下一层神经网络模型的输入。

Qcircuit() 是一个可变参数的量子线路运行函数，它可以作为参数输入量子计算层。Qcircuit() 可以使用量子模型接口中的线路模板、经典数据编码、量子逻辑门组合、量子测量模块等构建。

量子计算层与经典计算层在 VQNet 中均可以同时定义在同一个 Module 类下，这样就可以同时在整个模型中运行量子神经网络与经典神经网络的模块，达到混合训练量子神经网络与经典神经网络的目标。例如，下面的代码就用量子计算层与经典计算层构建了一个量子-经典混合网络。

```
1.    from pyvqnet.tensor import QTensor
2.    from pyvqnet.qnn.measure import ProbsMeasure
3.    from pyvqnet.qnn.quantumlayer import QuantumLayer
4.    from pyvqnet.nn import *
5.    import pyqpanda as pq
6.    def Qcircuit (input,param,qubits,cbits,machine):
7.        circuit = pq.QCircuit()
8.        circuit.insert(pq.H(qubits[0]))
9.        circuit.insert(pq.H(qubits[1]))
10.       circuit.insert(pq.H(qubits[2]))
11.       circuit.insert(pq.H(qubits[3]))
12.       circuit.insert(pq.RZ(qubits[0],input[0]))
13.       circuit.insert(pq.RZ(qubits[1],input[1]))
```

```
14.        circuit.insert(pq.RZ(qubits[2],input[2]))
15.        circuit.insert(pq.RZ(qubits[3],input[3]))
16.        circuit.insert(pq.CNOT(qubits[0],qubits[1]))
17.        circuit.insert(pq.RZ(qubits[1],param[0]))
18.        circuit.insert(pq.CNOT(qubits[1],qubits[2]))
19.        circuit.insert(pq.RZ(qubits[2],param[1]))
20.        circuit.insert(pq.CNOT(qubits[2],qubits[3]))
21.        circuit.insert(pq.RZ(qubits[3],param[2]))
22.        prog = pq.QProg()
23.        prog.insert(circuit)
24.        rlt_prob = ProbsMeasure([0,2],prog,machine,qubits)
25.        return rlt_prob
26.  class Model(Module):
27.      def __init__(self):
28.          super(Model, self).__init__()
29.          self.qvc = QuantumLayer(Qcircuit,3,"cpu",4,1)
30.          self.fc = Linear(4,2)
31.      def forward(self, x):
32.          x = self.qvc(x)
33.          x = self.fc(x)
34.          return x
35.  input = QTensor([[1,2,3,4],[40,22,2,3],[33,3,25,2]])
36.  m = Model()
37.  y = m(input)
38.  print(y)
```

VQNet 使用根据模型定义的正向运算函数，按顺序分别进行量子计算层中定义的量子线路运算，以及经典神经网络层的运算。

通过量子计算层参数的不同，VQNet 在多种运行后端上进行运算。用户无须实现量子模块及经典神经网络层的参数优化算法。

正向运算主要根据上层接口定义的模型构建计算图，通过输入参数及各个运算符（或神经网络计算层）构建数据运算的前后依赖关系，并计算模型输出值。

反向计算是根据构建的计算图从最后一个节点（一般是模型的目标损失函数）依拓扑顺序遍历计算图的节点，计算参数的梯度。而量子神经网络也可以计算出梯度函数，并使用优化器模块的梯度下降算法进行优化，达到最小化损失函数的目的。

图 3.5.1 所示为量子-经典混合网络的计算图示例。

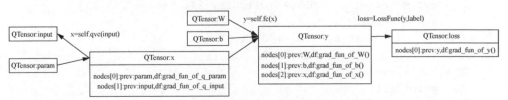

图 3.5.1 量子-经典混合模型的计算图示例

在图 3.5.1 所示的例子中，当进行反向计算时，首先计算目标损失函数 loss 对 y 的偏导 $\dfrac{\partial loss}{\partial y}$，接着按照 y 中存储的前置节点信息，使用求导链式法则分别计算出 $\dfrac{\partial loss}{\partial W}$、$\dfrac{\partial loss}{\partial b}$、$\dfrac{\partial loss}{\partial input}$、$\dfrac{\partial loss}{\partial param}$ 等。

在真实的量子计算机中，受制于量子比特自身的物理特性，计算误差常常不可避免。为了能在量子虚拟机中更好地模拟这种误差，VQNet 支持含噪声量子虚拟机。含噪声量子虚拟机的模拟更贴近真实的量子计算机，支持自定义的量子逻辑门类型和量子逻辑门噪声模型。

使用 NoiseQuantumLayer 定义一个含噪量子计算层，该类支持 PyQPanda 噪声虚拟机。用户需要定义一个函数（qprog_with_measure）作为参数，该函数应包含 PyQPanda 定义的量子线路；还需要传入一个参数（noise_set_config 函数），该参数使用 PyQPanda 接口设置噪声模型。示例代码如下。

```python
1.  from pyvqnet.tensor import QTensor
2.  from pyvqnet.qnn.measure import ProbsMeasure
3.  from pyvqnet.qnn.quantumlayer import NoiseQuantumLayer
4.  from pyvqnet.nn import *
5.  import numpy as np
6.  import pyqpanda as pq
7.  def circuit(weights, param, qubits, cbits, machine):
8.      circuit = pq.QCircuit()
9.      circuit.insert(pq.H(qubits[0]))
10.     circuit.insert(pq.RY(qubits[0], weights[0]))
11.     circuit.insert(pq.RY(qubits[0], param[0]))
12.     prog = pq.QProg()
13.     prog.insert(circuit)
14.     prog << pq.measure_all(qubits, cbits)
15.     result = machine.run_with_configuration(prog, cbits, 100)
16.     counts = np.array(list(result.values()))
17.     states = np.array(list(result.keys())).astype(float)
18.     probabilities = counts / 100
19.     expectation = np.sum(states * probabilities)
20.     return expectation
21. qvc = NoiseQuantumLayer(circuit, 24, "noise", 1, 1)
22. x = QTensor([[0.0, 1.0, 1.0, 1.0],
23.             [0.0, 0.0, 1.0, 1.0],
24.             [1.0, 0.0, 1.0, 1.0]])
25. rlt = qvc(x)
26. print(rlt)
```

3.5.2 量子逻辑层

处理量子比特的方式就是量子逻辑门。使用量子逻辑门，可以有意识地使量子态发生演化。量子逻辑门是构成量子算法的基础。量子机器学习模型中一般由量子逻辑门构成 VQC，进而构成更复杂的模型。除了量子计算中常见的单量子比特逻辑门（RX门、RY 门、RZ 门、Hadamard 门、Pauli-X 门、Pauli-Y 门、Pauli-Z 门等）、2 量子比特逻辑门（CNOT 门、CR 门、iSWAP 门等），VQNet 还提供了一些量子计算中常用的量子逻辑门组合。例如，量子机器学习中将经典数据编码成量子态的函数线路：基态编码线路（BasicEmbeddingCircuit）、角度编码线路（AngleEmbeddingCircuit）、振幅编码线路（AmplitudeEmbeddingCircuit）、IQP 编码线路（IQPEmbeddingCircuits）。这些编码方式的示例代码如下，读者可自行比较它们的效果。

```
1.  import numpy as np
2.  import pyqpanda as pq
3.  from pyvqnet.qnn.template import BasicEmbeddingCircuit, Amplitude
EmbeddingCircuit, AngleEmbeddingCircuit, IQPEmbeddingCircuits
4.  input_feat = np.array([0,1,1]).reshape([3])
5.  machine = pq.init_quantum_machine(pq.QMachineType.CPU)
6.  qlist = machine.qAlloc_many(3)
7.  circuit = BasicEmbeddingCircuit(input_feat,qlist)
8.  machine = pq.init_quantum_machine(pq.QMachineType.CPU)
9.  m_qlist = machine.qAlloc_many(2)
10. m_clist = machine.cAlloc_many(2)
11. m_prog = pq.QProg()
12. input_feat = np.array([2.2, 1])
13. C = AngleEmbeddingCircuit(input_feat,m_qlist,'X')
14. C = AngleEmbeddingCircuit(input_feat,m_qlist,'Y')
15. C = AngleEmbeddingCircuit(input_feat,m_qlist,'Z')
16. pq.destroy_quantum_machine(machine)
17. input_feat = np.array([2.2, 1, 4.5, 3.7])
18. machine = pq.init_quantum_machine(pq.QMachineType.CPU)
19. m_qlist = machine.qAlloc_many(2)
20. m_clist = machine.cAlloc_many(2)
21. m_prog = pq.QProg()
22. cir = AmplitudeEmbeddingCircuit(input_feat,m_qlist)
23. pq.destroy_quantum_machine(machine)
24. machine = pq.init_quantum_machine(pq.QMachineType.CPU)
25. input_feat = np.arange(1,100)
26. qlist = machine.qAlloc_many(3)
27. circuit = IQPEmbeddingCircuits(input_feat,qlist,rep = 1)
```

文献[5]介绍了一种量子池化层，该层可以减少线路中的量子比特数。首先，在系统中创建成对的量子比特。接着，在最初配对所有量子比特之后，将广义 2 量子比特酉元应用于每一对量子比特上，并在应用这个 2 量子比特酉元之后，在神经网

络的其余部分忽略每对量子比特中的一个量子比特。VQNet 中的量子池化线路
（QuantumPoolingCircuit）的示例代码如下。

```
1.  from pyvqnet.qnn import QuantumPoolingCircuit
2.  import pyqpanda as pq
3.  from pyvqnet import tensor
4.  machine = pq.CPUQVM()
5.  machine.init_qvm()
6.  qlists = machine.qAlloc_many(4)
7.  p = tensor.full([6], 0.35)
8.  cir = QuantumPoolingCircuit([0, 1], [2, 3], p, qlists)
```

　　文献[6]介绍了一种常见 VQC，该线路的结构很容易在实际的 NISQ 设备（尤其是
由超导量子比特组成的设备）中实现，因为其主要使用仅应用于相邻的量子比特的 2
量子比特逻辑门。

　　该参数化量子线路由一系列旋转门和"纠缠" 2 量子比特逻辑门组成。一个 4 量
子比特的量子线路示例如图 3.5.2 所示（4 量子比特系统的情况）。

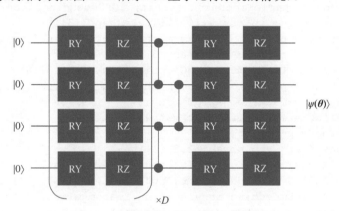

图 3.5.2　一个 4 量子比特的量子线路示例

　　每个旋转门由 RY 门或 RZ 门组成，旋转门和 2 量子比特逻辑门（这里选择 CNOT
门）的重复次数称为深度。示例代码如下。

```
1.  import pyqpanda as pq
2.  from pyvqnet.tensor import QTensor,tensor
3.  from pyvqnet.qnn.ansatz import HardwareEfficientAnsatz
4.  machine = pq.CPUQVM()
5.  machine.init_qvm()
6.  qlist = machine.qAlloc_many(4)
7.  c = HardwareEfficientAnsatz(4, ["rx", "ry", "rz"],
8.                              qlist,
9.                              entangle_gate="cnot",
10.                             entangle_rules="linear",
11.                             depth=1)
```

```
12. w = tensor.ones([c.get_para_num()])
13. cir = c.create_ansatz(w)
```

3.5.3 量子线路组合

VQNet 提供了一些量子机器学习研究中常用的量子线路组合。

Quantum_Embedding()使用 RZ 门、RY 门、RZ 门创建 VQC，将经典数据编码为量子态。在初始化该类后，成员函数 compute_circuit()为运行函数，可作为参数输入 QuantumLayerV2 类，构成量子机器学习模型的一层。Quantum_Embedding()的示例代码如下。

```
1.  from pyvqnet.qnn import QuantumLayerV2,Quantum_Embedding
2.  from pyvqnet.tensor import tensor
3.  import pyqpanda as pq
4.  depth_input = 2
5.  num_repetitions = 2
6.  num_repetitions_input = 2
7.  num_unitary_layers = 2
8.  loacl_machine = pq.CPUQVM()
9.  loacl_machine.init_qvm()
10. nq = depth_input * num_repetitions_input
11. qubits = loacl_machine.qAlloc_many(nq)
12. cubits = loacl_machine.cAlloc_many(nq)
13. data_in = tensor.ones([12, depth_input])
14. qe = Quantum_Embedding(qubits, loacl_machine, num_repetitions_input,
15.                 depth_input, num_unitary_layers, num_repetitions)
16. qlayer = QuantumLayerV2(qe.compute_circuit,
17.                 qe.param_num)
18. data_in.requires_grad = True
19. y = qlayer.forward(data_in)
20. # [
21. # [0.2302894],
22. # [0.2302894],
23. # [0.2302894],
24. # [0.2302894],
25. # [0.2302894],
26. # [0.2302894],
27. # [0.2302894],
28. # [0.2302894],
29. # [0.2302894],
30. # [0.2302894],
31. # [0.2302894],
32. # [0.2302894]
33. # ]
```

此外，VQNet 还提供了 HardwareEfficientAnsatz()、BasicEntanglerTemplate()、StronglyEntanglingTemplate()这 3 个实用函数。它们的具体使用方法不再赘述，感兴趣的读者可参阅 VQNet 文档。

3.5.4 量子测量

量子线路从量子态转化为经典数据需要进行测量操作。基于 PyQPanda 的测量模块，VQNet 提供了概率测量、量子测量及哈密顿量期望计算等功能，相应函数可在 QuantumLayer 类的 VQC 运行函数中使用。上述量子测量函数的示例代码如下。

```
1.  import pyqpanda as pq
2.  from pyvqnet.qnn.measure import expval, ProbsMeasure, QuantumMeasure
3.  input = [0.56, 0.1]
4.  machine = pq.init_quantum_machine(pq.QMachineType.CPU)
5.  m_prog = pq.QProg()
6.  m_qlist = machine.qAlloc_many(3)
7.  cir = pq.QCircuit()
8.  cir.insert(pq.RZ(m_qlist[0],input[0]))
9.  cir.insert(pq.CNOT(m_qlist[0],m_qlist[1]))
10. cir.insert(pq.RY(m_qlist[1],input[1]))
11. cir.insert(pq.CNOT(m_qlist[0],m_qlist[2]))
12. m_prog.insert(cir)
13. pauli_dict = {'Z0 X1':10,'Y2':-0.543}
14. exp2 = expval(machine,m_prog,pauli_dict,m_qlist)
15. print(exp2)
16. pq.destroy_quantum_machine(machine)
17. Input = [0.56,0.1]
18. measure_qubits = [0,2]
19. Machine = pq.init_quantum_machine(pq.QMachineType.CPU)
20. m_prog = pq.QProg()
21. m_qlist = machine.qAlloc_many(3)
22. Cir = pq.QCircuit()
23. cir.insert(pq.RZ(m_qlist[0],input[0]))
24. cir.insert(pq.CNOT(m_qlist[0],m_qlist[1]))
25. cir.insert(pq.RY(m_qlist[1],input[1]))
26. cir.insert(pq.CNOT(m_qlist[0],m_qlist[2]))
27. cir.insert(pq.H(m_qlist[0]))
28. cir.insert(pq.H(m_qlist[1]))
29. cir.insert(pq.H(m_qlist[2]))
30. m_prog.insert(cir)
31. rlt_quant = QuantumMeasure(measure_qubits,m_prog,machine,m_qlist)
32. print(rlt_quant)
33. Input = [0.56,0.1]
34. measure_qubits = [0,2]
```

```
35. machine = pq.init_quantum_machine(pq.QMachineType.CPU)
36. m_prog = pq.QProg()
37. m_qlist = machine.qAlloc_many(3)
38. Cir = pq.QCircuit()
39. cir.insert(pq.RZ(m_qlist[0],input[0]))
40. cir.insert(pq.CNOT(m_qlist[0],m_qlist[1]))
41. cir.insert(pq.RY(m_qlist[1],input[1]))
42. cir.insert(pq.CNOT(m_qlist[0],m_qlist[2]))
43. cir.insert(pq.H(m_qlist[0]))
44. cir.insert(pq.H(m_qlist[1]))
45. cir.insert(pq.H(m_qlist[2]))
46. m_prog.insert(cir)
47. rlt_prob = ProbsMeasure([0,2],m_prog,machine,m_qlist)
48. print(rlt_prob)
```

除了上述基本量子测量函数以外，VQNet 还提供了根据给定量子比特列表中的状态向量计算冯·诺依曼熵的函数 VN_Entropy()、根据给定两个子量子比特列表中的状态向量计算互信息的函数 Mutal_Info()、提供可观察量的方差计算函数 VarMeasure()，以及从态矢中计算特定量子比特上的纯度的函数 Purity() 等。

3.5.5　量子算法模块

基于上述函数，就可以构建量子机器学习模型了，本小节介绍一个经典的量子机器学习算法示例。

该示例使用 VQNet 实现了文献[7]中用 VQC 执行二分类任务，可以判断一个二进制数是奇数还是偶数。通过将二进制数编码到量子比特上，并优化线路中的可变参数，就可以使该线路 z 方向的测量值指示该输入为奇数还是偶数。

VQC 通常会定义一个子线路，这是一种基本的线路架构，可以通过重复层构建复杂的 VQC。量子线路层由多个旋转门，以及将每个量子比特与其相邻的量子比特纠缠在一起的 CNOT 门组成。此外，还需要一个线路将经典数据编码到量子态上，使线路测量的输出与输入有关联。该示例中，二进制输入被编码到对应顺序的量子比特上。例如，输入数据 0101 被编码到 4 量子比特，如图 3.5.3 所示。

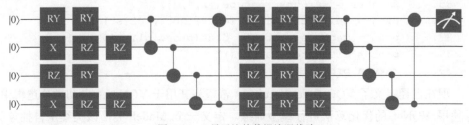

图 3.5.3　4 量子比特数据编码线路

示例代码如下。

```
1.  import pyqpanda as pq
2.  def qvc_circuits(input,weights,qlist,clist,machine):
3.      def get_cnot(nqubits):
4.          cir = pq.QCircuit()
5.          for i in range(len(nqubits)-1):
6.              cir.insert(pq.CNOT(nqubits[i],nqubits[i+1]))
7.          cir.insert(pq.CNOT(nqubits[len(nqubits)-1],nqubits[0]))
8.          return cir
9.      def build_circult(weights, xx, nqubits):
10.         def Rot(weights_j, qubits):
11.             circult = pq.QCircuit()
12.             circult.insert(pq.RZ(qubits, weights_j[0]))
13.             circult.insert(pq.RY(qubits, weights_j[1]))
14.             circult.insert(pq.RZ(qubits, weights_j[2]))
15.             return circult
16.         def basisstate():
17.             circult = pq.QCircuit()
18.             for i in range(len(nqubits)):
19.                 if xx[i] == 1:
20.                     circult.insert(pq.X(nqubits[i]))
21.             return circult
22.         circult = pq.QCircuit()
23.         circult.insert(basisstate())
24.         for i in range(weights.shape[0]):
25.             weights_i = weights[i, :, :]
26.             for j in range(len(nqubits)):
27.                 weights_j = weights_i[j]
28.                 circult.insert(Rot(weights_j, nqubits[j]))
29.             cnots = get_cnot(nqubits)
30.             circult.insert(cnots)
31.         circult.insert(pq.Z(nqubits[0]))
32.         prog = pq.QProg()
33.         prog.insert(circult)
34.         return prog
35.     weights = weights.reshape([2,4,3])
36.     prog = build_circult(weights,input, qlist)
37.     prob = machine.prob_run_dict(prog, qlist[0], -1)
38.     prob = list(prob.values())
39.     return prob
```

现在已经定义了 VQC（qvc_circuits），希望将其用于 VQNet 的自动微分逻辑中，并使用 VQNet 的优化算法进行模型训练。定义一个 Model 类，该类继承自抽象类 Module。Model 中使用 QuantumLayer 类这个可进行自动微分的量子计算层。

qvc_circuits 为希望运行的量子线路，24 为所有需要训练的量子线路参数的数量，"cpu" 表示这里使用 PyQPanda 的全振幅模拟器，4 表示需要申请 4 量子比特。在 forward() 中，用户定义了模型正向运算的逻辑。示例代码如下。

```
1.  from pyvqnet.nn.module import Module
2.  from pyvqnet.optim.sgd import SGD
3.  from pyvqnet.nn.loss import CategoricalCrossEntropy
4.  from pyvqnet.tensor.tensor import QTensor
5.  import pyqpanda as pq
6.  from pyvqnet.qnn.quantumlayer import QuantumLayer
7.  from pyqpanda import *
8.  class Model(Module):
9.      def __init__(self):
10.         super(Model, self).__init__()
11.         self.qvc = QuantumLayer(qvc_circuits,24,"cpu",4)
12.     def forward(self, x):
13.         return self.qvc(x)
```

使用预先生成的随机二进制数及其奇数偶数标签，其中的数据如下。

```
1.  import numpy as np
2.  import os
3.  qvc_train_data = [0, 1, 0, 0, 1,
4.                    0, 1, 0, 1, 0,
5.                    0, 1, 1, 0, 0,
6.                    0, 1, 1, 1, 1,
7.                    1, 0, 0, 0, 1,
8.                    1, 0, 0, 1, 0,
9.                    1, 0, 1, 0, 0,
10.                   1, 0, 1, 1, 1,
11.                   1, 1, 0, 0, 0,
12.                   1, 1, 0, 1, 1,
13.                   1, 1, 1, 0, 1,
14.                   1, 1, 1, 1, 0]
15. qvc_test_data= [0, 0, 0, 0, 0,
16.                 0, 0, 0, 1, 1,
17.                 0, 0, 1, 0, 1,
18.                 0, 0, 1, 1, 0]
19. def dataloader(data,label,batch_size, shuffle = True)->np:
20.     if shuffle:
21.         for _ in range(len(data)//batch_size):
22.             random_index = np.random.randint(0, len(data), (batch_size, 1))
23.             yield data[random_index].reshape(batch_size,-1), label[random_index].reshape(batch_size,-1)
24.     else:
```

```
25.              for i in range(0,len(data)-batch_size+1,batch_size):
26.                  yield data[i:i+batch_size], label[i:i+batch_size]
27.  def get_data(dataset_str):
28.      if dataset_str == "train":
29.          datasets = np.array(qvc_train_data)
30.      else:
31.          datasets = np.array(qvc_test_data)
32.      datasets = datasets.reshape([-1,5])
33.      data = datasets[:,:-1]
34.      label = datasets[:,-1].astype(int)
35.      label = np.eye(2)[label].reshape(-1,2)
36.      return data, label
```

接下来，就可以按照一般神经网络训练的模式进行模型前传、损失函数计算、反向运算及优化器运算，直到迭代次数达到预设值，示例代码如下。该训练所使用的训练数据是由上述示例代码生成的 qvc_train_data，测试数据为 qvc_test_data。

```
1.   def get_accuary(result,label):
2.       result,label = np.array(result.data), np.array(label.data)
3.       score = np.sum(np.argmax(result,axis=1)==np.argmax(label,1))
4.       return score
5.   #示例化 Model 类
6.   model = Model()
7.   #定义优化器，此处需要传入 model.parameters()表示模型中所有待训练参数，lr 为学习率
8.   optimizer = SGD(model.parameters(),lr =0.1)
9.   #训练时可以修改批处理的样本数
10.  batch_size = 3
11.  #训练最大迭代次数
12.  epoch = 20
13.  #模型损失函数
14.  loss = CategoricalCrossEntropy()
15.  model.train()
16.  datas,labels = get_data("train")
17.  for i in range(epoch):
18.      count=0
19.      sum_loss = 0
20.      accuary = 0
21.      t = 0
22.      for data,label in dataloader(datas,labels,batch_size,False):
23.          optimizer.zero_grad()
24.          data,label = QTensor(data), QTensor(label)
25.          result = model(data)
26.          loss_b = loss(label,result)
27.          loss_b.backward()
```

```
28.          optimizer._step()
29.          sum_loss += loss_b.item()
30.          count+=batch_size
31.          accuary += get_accuary(result,label)
32.          t = t + 1
33.      print(f"epoch:{i}, #### loss:{sum_loss/count} #####accuray:
{accuary/count}")
34.  model.eval()
35.  count = 0
36.  test_data,test_label = get_data("test")
37.  test_batch_size = 1
38.  accuary = 0
39.  sum_loss = 0
40.  for testd,testl in dataloader(test_data,test_label,test_batch_
size):
41.      testd = QTensor(testd)
42.      test_result = model(testd)
43.      test_loss = loss(testl,test_result)
44.      sum_loss += test_loss
45.      count+=test_batch_size
46.      accuary += get_accuary(test_result,testl)
47.  print(f"test:---------------->loss:{sum_loss/count}
#####accuray:{accuary/count}")
```

```
 1.  epoch:0, #### loss:0.20194714764753977 #####accuray:
0.6666666666666666
 2.  epoch:1, #### loss:0.19724808633327484 #####accuray:
0.8333333333333334
 3.  epoch:2, #### loss:0.19266503552595773 #####accuray:1.0
 4.  epoch:3, #### loss:0.18812804917494455 #####accuray:1.0
 5.  epoch:4, #### loss:0.1835678368806839 #####accuray:1.0
 6.  epoch:5, #### loss:0.1789149840672811 #####accuray:1.0
 7.  epoch:6, #### loss:0.17410411685705185 #####accuray:1.0
 8.  epoch:7, #### loss:0.169083329538504 27 #####accuray:1.0
 9.  epoch:8, #### loss:0.16382796317338943 #####accuray:1.0
10.  epoch:9, #### loss:0.15835540741682053 #####accuray:1.0
11.  epoch:10, #### loss:0.15273457020521164 #####accuray:1.0
12.  epoch:11, #### loss:0.14708336691061655 #####accuray:1.0
13.  epoch:12, #### loss:0.14155150949954987 #####accuray:1.0
14.  epoch:13, #### loss:0.1362930883963903 #####accuray:1.0
15.  epoch:14, #### loss:0.1314386005202929 #####accuray:1.0
16.  epoch:15, #### loss:0.12707658857107162 #####accuray:1.0
17.  epoch:16, #### loss:0.123248390853405 #####accuray:1.0
18.  epoch:17, #### loss:0.11995399743318558 #####accuray:1.0
19.  epoch:18, #### loss:0.1171633576353391 #####accuray:1.0
20.  epoch:19, #### loss:0.11482855677604675 #####accuray:1.0
21.  [0.3412148654]
```

```
  22. test:------------>loss:QTensor(None, requires_grad=True)
#####accuray:1.0
```

3.6 小结

本章具体介绍了使用 VQNet 进行量子机器学习模型训练的基本原理。基于量子经典机器学习模型梯度计算和自动微分原理，通过 VQNet 中的张量计算模块、经典神经网络模块、激活函数、损失函数、优化器、量子计算层、量子测量模块、量子线路组合等，读者可以构建复杂的量子机器学习模型，并将其应用到实际的研究领域。

第4章 支持向量机

本章主要介绍经典机器学习的 SVM、基于量子计算的 QSVM 及其具体实现。QSVM 利用量子计算的优势提升了 SVM 的性能。

4.1 经典支持向量机

本节主要介绍经典支持向量机（本书简称 SVM）的基本原理、优化目标和约束条件，以及在实际问题中的具体应用，并总结 SVM 的优缺点和改进方法。

4.1.1 SVM 的基本原理

SVM 是一种经典的机器学习二分类算法。它的基本原理被定义为在特征空间中寻找一个间隔最大的线性分类器，即 SVM 的学习策略旨在最大化这个间隔。简单来说，SVM 在高维空间中寻找一个合适的超平面，以有效地将数据点分隔开。为了实现数据的线性可分性，SVM 可能涉及将非线性数据映射到更高维的空间。这个映射的过程有助于在更大的特征空间中找到一个能够明确分隔不同类别数据的超平面。

将实例的特征向量进行映射，以得到空间中的一些点（以二维为例），这些点在图 4.1.1 中用实心点和空心点表示，它们分别属于两个不同的类别。SVM 的主要目标是通过绘制一条线来最优地区分这两类点，以至于即使在将来出现新的点时，这条线也能够实现良好的分类效果。

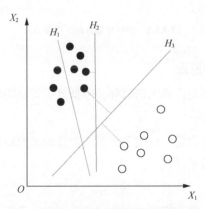

图 4.1.1 特征向量映射及 SVM 分类示意图

1．划分超平面的选择

在样本点中，能够用来区分的线有许多条，但它们的区分效果不同。例如，图4.1.1中绿色线效果较差，蓝色线稍微好一些，而红色线看起来效果最好。SVM追求的是一条能够实现最佳分类效果的线，被称为划分超平面。

2．超平面

"超平面"这个术语之所以被使用，是因为样本的特征往往处于高维空间中，因此在高维情况下，划分样本空间需要使用更高维度的超平面。

3．划分标准

SVM的核心目标是找到一个最大化边际（Margin）的超平面，以在两个类别之间实现最优的区分。边际是指某一条线与其两侧最近的点的距离之和。在图 4.1.2 中，两条虚线之间的带状区域就是边际，而这些虚线由距实线最近的两个点确定。然而，图4.1.2（a）中的边际较小；如果采用图4.1.2（b）所示的方法进行绘制，边际显著增大，更加接近目标。

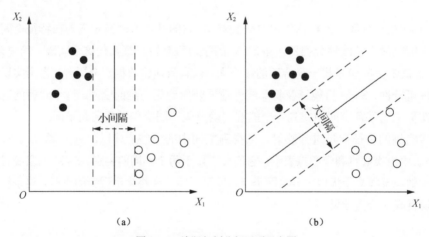

图4.1.2 边际与划分超平面示意图

4．追求更大边际的原因

追求更大边际的原因是，较大的边际会降低分类错误的概率。

5．选择超平面的条件

被选择的超平面需要满足：该超平面到一侧最近点的距离等于到另一侧最近点的距离，两侧的两个超平面平行。

6．SVM的特性

训练好的模型的算法复杂度是由支持向量数决定，而不是由数据的维度决定，所以 SVM 不容易产生过拟合。SVM 的构建完全依赖支持向量，即使训练数据集中所有非支持向量的点被去除，重复训练仍然会得到完全一样的模型。一个 SVM 如果训练得出的支持向量数较少，那么该模型的泛化能力较强。

4.1.2　SVM 的优化目标与约束条件

SVM 在二分类问题中的优化目标是找到一个距数据样本最远的划分超平面。

从图 4.1.3 中可以看到，SVM 会最大化间距 m。根据原点到直线距离的公式，对于 $\boldsymbol{w}^{\mathrm{T}}\boldsymbol{x}+\boldsymbol{b}=k$ ，有距离为

$$m = \frac{k}{\|\boldsymbol{w}\|} \tag{4.1}$$

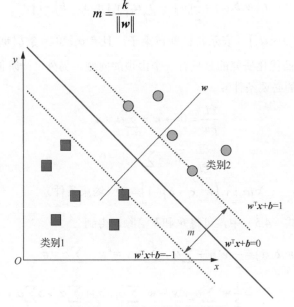

图 4.1.3　SVM 间距最大化示意图

当 $k=2$ 时，可得

$$m = \frac{2}{\|\boldsymbol{w}\|} \tag{4.2}$$

SVM 的目标是最大化这个间距 m，因此 SVM 的优化目标可以表示为对 $\frac{1}{2}\|\boldsymbol{w}\|^2$ 的最小化。但是，该最小值是有约束的，也就是将训练样本划分为两类。根据图 4.1.3，可以得出约束条件：

$$\begin{cases} \boldsymbol{w}^{\mathrm{T}}\boldsymbol{x}_i+\boldsymbol{b}\geqslant 1, & y_i = 1 \\ \boldsymbol{w}^{\mathrm{T}}\boldsymbol{x}_i+\boldsymbol{b}\leqslant -1, & y_i = -1 \end{cases} \tag{4.3}$$

其中，i 表示第 i 个训练样本。

距超平面最近的这几个训练样本点使式（4.3）中的等号可以成立，被称为支持向量。式（4.4）是一个约束最优化问题，可以将其看作一个包含不等式约束的凸二次规划问题：

$$\min \frac{1}{2}\|\boldsymbol{w}\|^2 \quad \text{s.t.} \quad y_i\left(\boldsymbol{w}^{\mathrm{T}}\boldsymbol{x}_i + \boldsymbol{b}\right) \geqslant 1, \, i = 1, 2, \cdots, n \tag{4.4}$$

式（4.4）可以通过拉格朗日乘子法转化为一个对偶问题。将有约束的原始目标函数转换为无约束的、新构造的拉格朗日目标函数：

$$L\left(\boldsymbol{w}, \boldsymbol{b}, \alpha\right) = \frac{1}{2}\|\boldsymbol{w}\|^2 - \sum_{i=1}^{n}\alpha_i\left[y_i\left(\boldsymbol{w}^{\mathrm{T}}\boldsymbol{x}_i + \boldsymbol{b}\right) - 1\right] \tag{4.5}$$

其中，$\alpha = \left(\alpha_1, \alpha_2, \cdots, \alpha_n\right)$，表示拉格朗日乘子，且有 $\alpha_i \geqslant 0$。令 $L\left(\boldsymbol{w}, \boldsymbol{b}, \alpha\right)$ 对 $\boldsymbol{w}$ 和 $\boldsymbol{b}$ 的偏导为 0 即可（凸优化研究的是只有一个山顶的问题。另外，一阶偏导为 0，是可微多元函数取极值的必要条件）：

$$\frac{\partial L}{\partial \boldsymbol{w}} = 0 \rightarrow \boldsymbol{w} = \sum_{i=1}^{n}\alpha_i y_i \boldsymbol{x}_i$$

$$\frac{\partial L}{\partial \boldsymbol{b}} = 0 \rightarrow \sum_{i=1}^{n}\alpha_i y_i = 0 \tag{4.6}$$

$$\forall i \alpha_i\left[y_i\left(\boldsymbol{w}^{\mathrm{T}}\boldsymbol{x}_i + \boldsymbol{b}\right) - 1\right] = 0 \quad （约束条件）$$

将结果带入式（4.5）中，可将 $\boldsymbol{w}$ 和 $\boldsymbol{b}$ 消除，得到

$$\begin{aligned}
\inf_{\boldsymbol{w}, \boldsymbol{b}} L\left(\boldsymbol{w}, \boldsymbol{b}, \alpha\right) &= \frac{1}{2}\boldsymbol{w}^{\mathrm{T}}\boldsymbol{w} + \sum_{i=1}^{m}\alpha_i - \sum_{i=1}^{m}\alpha_i y_i \boldsymbol{w}^{\mathrm{T}}\boldsymbol{x}_i - \sum_{i=1}^{m}\alpha_i y_i \boldsymbol{b} \\
&= \frac{1}{2}\boldsymbol{w}^{\mathrm{T}}\sum_{i=1}^{m}\alpha_i y_i \boldsymbol{x}_i - \boldsymbol{w}^{\mathrm{T}}\sum_{i=1}^{m}\alpha_i y_i \boldsymbol{x}_i + \sum_{i=1}^{m}\alpha_i - \boldsymbol{b}\sum_{i=1}^{m}\alpha_i y_i \\
&= -\frac{1}{2}\boldsymbol{w}^{\mathrm{T}}\sum_{i=1}^{m}\alpha_i y_i \boldsymbol{x}_i + \sum_{i=1}^{m}\alpha_i - \boldsymbol{b}\sum_{i=1}^{m}\alpha_i y_i
\end{aligned} \tag{4.7}$$

由于 $\sum_{i=1}^{n}\alpha_i y_i = 0$，所以式（4.7）的最后一项可化为 0：

$$\begin{aligned}
\inf_{\boldsymbol{w}, \boldsymbol{b}} f\left(\boldsymbol{w}, \boldsymbol{b}, \alpha\right) &= -\frac{1}{2}\boldsymbol{w}^{\mathrm{T}}\sum_{i=1}^{m}\alpha_i y_i \boldsymbol{x}_i + \sum_{i=1}^{m}\alpha_i \\
&= \sum_{i=1}^{m}\alpha_i - \frac{1}{2}\sum_{i=1}^{m}\sum_{j=1}^{m}\alpha_i\alpha_j y_i y_j \boldsymbol{x}_i^{\mathrm{T}}\boldsymbol{x}_j
\end{aligned} \tag{4.8}$$

可得

$$\max_{\boldsymbol{\alpha}} \sum_{i=1}^{m}\alpha_i - \frac{1}{2}\sum_{i=1}^{n}\sum_{j=1}^{n}\alpha_i\alpha_j y_i y_j \boldsymbol{x}_i^{\mathrm{T}}\boldsymbol{x}_j \quad \text{s.t.} \sum_{i=1}^{n} y_i \alpha_i = 0, \, \alpha > 0 \tag{4.9}$$

其中，$\sum_{i=1}^{n} y_i \alpha_i = 0$ 为 $L(w, b, \alpha)$ 对 b 的偏导为 0 的结果，作为约束。

这是一个不等式约束下的二次函数极值问题，存在唯一解。根据 Karush-Kuhn-Tucker（KKT）条件，解中将只有一部分（通常是很小的一部分）不为 0，这些不为 0 的解所对应的样本就是支持向量。假设 α^* 是上面凸二次规划问题的最优解，则 $\alpha^* \neq 0$。假设满足 $\alpha^* > 0$，按式（4.10）和式（4.11）计算出的解为原问题的唯一最优解。

$$w^* = \sum_{i=1}^{n} \alpha_i^* y_i x_i \tag{4.10}$$

$$b^* = y_i - \sum_{i=1}^{n} \alpha_i^* y_i x_i^{\mathrm{T}} x_i \tag{4.11}$$

4.1.3　SVM 在分类和回归问题中的应用

当 SVM 用于分类问题时，主要包括两种情况：第一种是 SVM 用于二分类（Binary Classification），解决输出是 0 还是 1 的问题；第二种是多分类，目前主要采用两种策略，即 OvR（One vs Rest）和 OvO（One vs One）。

1. OvR

OvR 是"一对剩余"意思。该策略的原理是：对 n 个样本类别进行分类时，将每一类样本单独作为一类，并将剩余所有类型的样本视为另一类。这样，就会产生 n 个二分类问题。通过使用逻辑回归算法对这 n 个数据集进行训练，可得到 n 个模型。当需要对待预测的样本进行分类时，将该样本输入这 n 个模型中，就会被分类为概率最高的模型对应的样本类别。这种策略的概念可以用图 4.1.4 来表示。

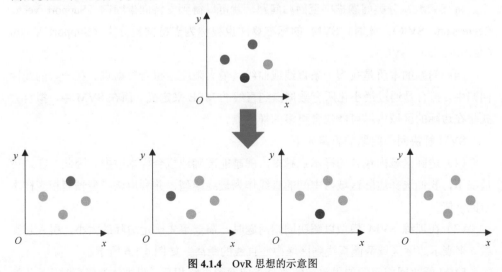

图 4.1.4　OvR 思想的示意图

2. OvO

OvO 是"一对一"的意思。该策略的思想是：在 n 个样本类别中，每次选择两个类别进行组合，总共有 C_n^2 种二分类情况。通过使用这 C_n^2 种模型对样本类型进行预测，可得到 C_n^2 个预测结果，其中出现次数最多的样本类型就是最终的预测结果。这种策略的概念可以用图 4.1.5 来表示。

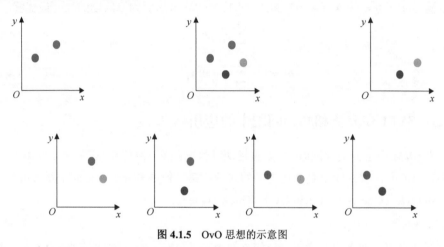

图 4.1.5 OvO 思想的示意图

在时间复杂度上，如果处理一个二分类问题的耗时为 T，OvR 的耗时为 nT，OvO 的耗时则为 $\dfrac{n(n-1)}{2}T$。虽然 OvO 耗时较多，但其分类结果更准确，因为每一次二分类都用真实的类型进行比较，没有与其他的类别混淆。

将 SVM 从分类问题推广至回归问题，就可以得到支持向量回归（Support Vector Regression，SVR）。此时，SVM 的标准算法也被称为支持向量分类（Support Vector Classification，SVC）。

回归问题的本质是找到一条直线或曲线，最大限度地拟合数据点。在一般的线性回归中，拟合是通过最小化所有数据点到直线的 MSE 来定义。而在 SVM 中，拟合方式是在边际的区域内尽可能包含更多的样本点。

SVM 解决回归问题的思路如下。

（1）边际区域内包含的样本点越多，就越能准确地拟合样本数据。因此，在这种情况下，我们选择边际区域内中间的直线作为最终模型，并利用该模型预测相应样本点的 y 值。

（2）在训练 SVM 模型以解决回归问题时，需要事先确定边际的大小，引入超参数 ε 来表示边际区域两侧直线到区域中心直线的距离，如图 4.1.6 所示。

SVM 解决回归问题的思路与解决分类问题的思路相反。解决分类问题时，希望边际区域内没有样本点或者样本点尽可能少；解决回归问题时，则希望边际区域内没有样本点或者样本点尽可能多。

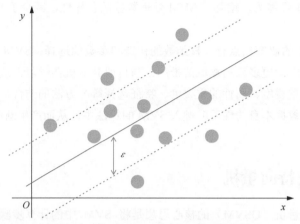

图 4.1.6 SVM 回归中的边际和超参数 ε 示意图

4.1.4 SVM 的优缺点与改进方法

SVM 的优点如下。

（1）有严谨的数学理论支持，可解释性强，不依靠统计方法，从而简化了通常的分类和回归问题。

（2）能找出对任务至关重要的关键样本（支持向量）。

（3）采用核技术之后，可以处理非线性分类/回归任务。

（4）最终决策函数只由少数的支持向量确定，计算的复杂度取决于支持向量数，而不是样本空间的维数，这在某种意义上避免了"维数灾难"。

SVM 的缺点如下。

（1）训练时间长。当采用序列最小优化（Sequential Minimal Optimization，SMO）算法时，由于每次都需要挑选一对参数，因此时间复杂度为 $O(N^2)$，其中 N 为训练样本数。

（2）采用核技术时，如果需要存储核矩阵，则空间复杂度为 $O(N^2)$。

（3）模型预测时，预测时间与支持向量数成正比。当支持向量数较大时，预测的计算复杂度较高。

因此，SVM 目前只适合小批量样本的任务，无法执行包含百万个甚至上亿个样本的任务。

自被提出以来，SVM 凭借完整的理论框架及在实际应用中取得的很多好的效果，在机器学习领域受到了广泛的重视，这使它的理论和应用在横向和纵向上都有了发展。

在理论基础上的改进包括模糊 SVM、最小二乘 SVM、加权 SVM、主动学习的 SVM、粗糙集与 SVM 的结合、基于决策树的 SVM、分级聚类的 SVM。这些理论基础的改进提高了 SVM 的抗噪能力，增强了 SVM 处理数据的鲁棒性，减少了 SVM 求解的计算量等。

目前，SVM 的研究热点有：核函数的构造和参数的选择；SVM 从二分类问题向多分类问题的推广；更多应用领域的推广；与目前其他机器学习方法的融合；与数据预处理（样本的重要度、属性的重要度、特征选择等）方法的结合，将数据中脱离领域知识的信息（数据本身的性质）融入 SVM 的算法中，从而产生新的算法；SVM 训练算法的探索。

4.2 量子支持向量机

量子支持向量机（QSVM）的核心思想是将 SVM 中的计算步骤转化为量子计算的步骤。本节主要介绍 QSVM 的基本原理、量子核方法，以及 QSVM 的优化目标与约束条件。

4.2.1 QSVM 的基本原理

虽然 SVM 只利用了少量的支持向量，但在计算上还是遍历了所有样本和所有特性。因此，SVM 的时间复杂度是特征数 N 及样本数 M 的多项式。当样本数很大[如达到 TB（2^{40}）级和 PB（2^{50}）级]时，SVM 需要的计算量是非常大的。

在大数据的背景下，量子算法能够提供指数级的加速。例如，经典计算中处理 1TB 数据的计算量，在量子计算中只要 40 量子比特的数量级就可以了。

Rebentrost 等人[8]首先将特征向量的各维特征编码至量子态概率幅，操作如式（4.12）所示。

$$|\boldsymbol{x}_i\rangle = |\boldsymbol{x}_i|^{-1} \sum_{j=1}^{N} (\boldsymbol{x}_i)_j |j\rangle \tag{4.12}$$

其中，N 为特征维度，$(\boldsymbol{x}_i)_j$ 为第 i 个特征向量的第 j 个特征，$|\boldsymbol{x}_i|$ 为第 i 个训练样本的特征向量范数。

接着，他们制备了量子态，操作如式（4.13）所示。

$$|\boldsymbol{\chi}\rangle = \left(\sqrt{N_\chi}\right)^{-1} \sum_{i=1}^{M} |\boldsymbol{x}_i| |i\rangle |\boldsymbol{x}_i\rangle \tag{4.13}$$

其中，$N_\chi = \sum_{i=1}^{M} |\boldsymbol{x}_i|^2$，$|\boldsymbol{x}_i|$ 为第 i 个训练样本的特征向量范数。

然后，他们将核矩阵和量子系统的密度矩阵联系起来。由于核矩阵的每个元素为

向量间的内积 $k_{ij} = \boldsymbol{x}_i \cdot \boldsymbol{x}_j$，且 $\langle \boldsymbol{x}_j | \boldsymbol{x}_i \rangle = \left(|\boldsymbol{x}_i|^{-1} \boldsymbol{x}_i \right) \cdot \left(|\boldsymbol{x}_j|^{-1} \boldsymbol{x}_j \right)$，此时通过求密度矩阵 $|\boldsymbol{\chi}\rangle\langle\boldsymbol{\chi}|$ 的偏迹即可得到归一化核矩阵：

$$\text{tr}_2 \left(|\boldsymbol{\chi}\rangle\langle\boldsymbol{\chi}| \right) = \frac{1}{N_\chi} |\boldsymbol{x}_i| |\boldsymbol{x}_j| \langle \boldsymbol{x}_i | \boldsymbol{x}_j \rangle |i\rangle\langle j| = \frac{\boldsymbol{K}}{\text{tr}(\boldsymbol{K})} \tag{4.14}$$

其中，$|\boldsymbol{x}_i| |\boldsymbol{x}_j| \langle \boldsymbol{x}_i | \boldsymbol{x}_j \rangle = \boldsymbol{x}_i \cdot \boldsymbol{x}_j$。

通过这个方法，他们成功地将量子系统的密度矩阵与传统机器学习中的核矩阵联系了起来。由于量子态之间的演化运算具备高度的并行性，可以借助这种性质来实现传统机器学习中所需核矩阵计算的加速。这种创新性的方法有望为机器学习领域的计算效率带来重要的改进。

Rebentrost 等人[8]还提出了量子版本的最小二乘法支持向量机（Least-Squares Support Vector Machine，LS-SVM）。他们将经典 SVM 分类问题转化为求解如式（4.15）所示的问题。

$$\boldsymbol{F} |b, \boldsymbol{d}\rangle = |\boldsymbol{y}\rangle \quad \text{s.t.} \quad \|\boldsymbol{F}\| \leqslant 1 \tag{4.15}$$

其中，b 为偏置；向量 $\boldsymbol{d}$ 的每个元素为支持向量距最优超平面的距离；$|b, \boldsymbol{d}\rangle$ 表示分类超平面，且 $|b, \boldsymbol{d}\rangle^{\text{T}} = \boldsymbol{F}^{-1} (0, y)^{-1}$；$\boldsymbol{y} = (y_1, y_2, \cdots, y_M)$，为训练样本的标签。

$$\boldsymbol{F} = \begin{pmatrix} \boldsymbol{0} & \boldsymbol{1}^{\text{T}} \\ \boldsymbol{1} & \boldsymbol{K} + \gamma^{-1} \end{pmatrix} \tag{4.16}$$

其中，$\boldsymbol{K}$ 是核矩阵，γ 为可接受误差的权重。

最后，分类任务即可转化为使用 Controlled-SWAP 量子线路来比较 $|b, \boldsymbol{d}\rangle$ 和输入样本 $|\boldsymbol{x}\rangle$ 的距离，从而得到 $|\boldsymbol{x}\rangle$ 所属类别。Controlled-SWAP 量子线路如图 4.2.1 所示。

图 4.2.1 Controlled-SWAP 量子线路

4.2.2 量子核方法

在经典机器学习中，核方法通常指将低维向量映射到高维特征空间，以便识别低维数据中难以识别的模式。如图 4.2.2 所示，将一维线性不可分数据映射到二维空间后，数据在二维空间中变得线性可分。

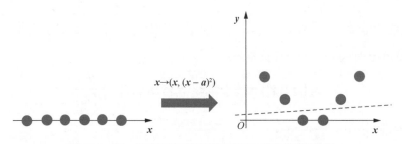

图 4.2.2 将一维线性不可分数据映射为二维线性可分数据

通过利用量子特征映射的量子特性，研究人员希望在处理具有复杂模式的数据时取得更好的效果。已有研究表明，通过精心设计量子特征映射，量子核方法可以用于识别那些经典核方法难以识别的数据模式。量子特征映射线路的原理如图 4.2.3 所示，通过经典核函数与量子核函数提取特征空间信息的对比如图 4.2.4 所示。

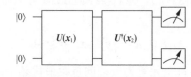

图 4.2.3 量子特征映射线路原理

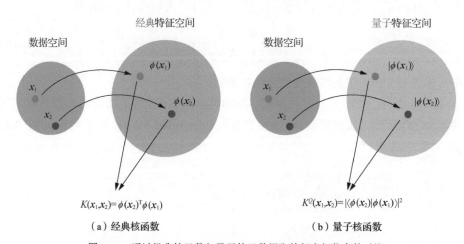

图 4.2.4 通过经典核函数与量子核函数提取特征空间信息的对比

4.2.3 QSVM 的优化目标与约束条件

由于 QSVM 是基于 LS-SVM 实现，其约束条件由不等式约束转化为等式约束，如式（4.17）所示。

$$\boldsymbol{y}_k\left[\boldsymbol{w}^{\mathrm{T}}\phi(\boldsymbol{x}_k)+b\right]=1-e_k,\ k=1,\cdots,N \tag{4.17}$$

其中，$\phi()$ 是一个将输入空间映射到高维空间的一个非线性函数，x_k 和 y_k 分别是训练数据集中的第 k 个输入模式和输出模式，b 是常实数，w 是常实数向量。此时，KKT 条件转化为拉格朗日条件，KKT 乘数转化为拉格朗日乘数。

4.3 量子支持向量机的具体实现

第 4.2 节简要介绍了 QSVM 的基本概念，本节详细介绍 QSVM 的具体实现步骤，以及在 VQNet 上的实现和实际应用。

4.3.1 QSVM 的实现方法与流程

2014 年，MIT 和谷歌研究所在 *Physical Review Letters* 上联合发表了名为"Quantum Support Vector Machine for Big Data Classification" 的文章。该文章介绍了基于 HHL 算法的 QSVM 的实现方法。如图 4.3.1 所示，该方法主要通过两个量子系统解决了 SVM 中涉及的两个参数的计算复杂度问题。

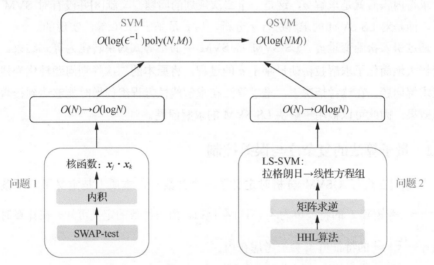

图 4.3.1 QSVM 的实现

图中，问题 1 是内积的计算问题，通过 SWAP-test 实现；问题 2 是一个基于 HHL 算法的线性方程求解。

在 SVM 会将原始最大化间距问题中对参数 w 和 b 的求解，通过拉格朗日对偶问题及 KKT 条件转换为对拉格朗日乘子 α 的求解，最终通过代入 α 得到原始问题的解 w 和 b。在求解 α 时，会涉及核函数，也就是样本之间的内积操作。SVM 的复杂度是 $O(N)$，而 SWAP-test 的复杂度可以降低到 $O(\log N)$。

通过 SWAP-test 计算内积的过程如下:

$$|\psi_1\rangle = \frac{1}{\sqrt{2}}\big(|0,a,b\rangle + |1,a,b\rangle\big)$$

$$|\psi_2\rangle = \frac{1}{\sqrt{2}}\big(|0,a,b\rangle + |1,a,b\rangle\big)$$

$$|\psi_3\rangle = \frac{1}{2}|0\rangle\big(|a,b\rangle + |b,a\rangle\big) + \frac{1}{2}|1\rangle\big(|a,b\rangle - |b,a\rangle\big)$$

$$P(|0\rangle) = \big|\langle 0|\psi_3\rangle\big|^2 \tag{4.18}$$

$$= \frac{1}{4}\big|\big(|a,b\rangle + |b,a\rangle\big)\big|^2$$

$$= \frac{1}{4}\big(\langle b|b\rangle\langle a|a\rangle + \langle b|a\rangle\langle a|b\rangle + \langle a|b\rangle\langle b|a\rangle + \langle a|a\rangle\langle b|b\rangle\big)$$

$$= \frac{1}{2} + \frac{1}{2}\big|\langle a|b\rangle\big|^2$$

最终通过测量的结果，去反求出内积。

求得内积后就是求解 α，这是一个二次规划的问题。文献[8]并没有对 SVM 进行分析，而是对 LS-SVM 的求解进行了分析，后者是基于 HHL 算法实现的。

通过引入松弛变量 e_k，LS-SVM 将 SVM 中的不等式约束转化为等式约束。这个转变极大地简化了求解拉格朗日乘子 α 的过程，将原本的二次规划问题转化为线性方程组求解问题。在这种情况下，量子算法在求解线性方程组问题时能够达到指数级的加速效果，因此可以被用于解决 LS-SVM 的求解问题。

4.3.2 量子算法的复杂度与误差控制

文献[8]在进行 QSVM 分析时定义了一个常数 ϵ_k，本质上是定义了一个条件数 $k_{\text{eff}} = \frac{1}{\epsilon_k}$。令矩阵 $\boldsymbol{F}$ 的特征值为 λ_j，且 $|\lambda_j| \leqslant 1$。由条件数的定义可知，在计算时只有满足 $\epsilon_k \leqslant |\lambda_j| \leqslant 1$ 的特征值 λ_j 会被考虑在内。

此外，令 $\Delta t = \frac{t_0}{T}$，其中 T 是相位估计（Phase Estimation）的时间步数，t_0 是相位估计的运行时间。

QSVM 的误差主要由两个操作引起：相位估计、受控旋转。文献[8]提出，在相位估计中，为保证得到较好的结果，可令

$$\widetilde{\lambda}_k = 2\pi\frac{k}{t_0} \tag{4.19}$$

因此，这一步在计算 λ 时引起的误差由 t_0 决定，为 $O\left(\dfrac{1}{t_0}\right)$。

受控旋转实现的操作为 $\lambda \to \dfrac{1}{\lambda}$，这一步引起的误差为 $O\left(\dfrac{1}{\lambda}\right)$。

综合上述两步，总体误差为

$$O\left(\frac{1}{t_0\lambda}\right) \leqslant O\left(\frac{1}{t_0\epsilon_k}\right) \tag{4.20}$$

若 t_0 的取值为

$$O\left(\frac{k_{\text{eff}}}{\epsilon}\right) = O\left(\frac{1}{\epsilon_k\epsilon}\right) \tag{4.21}$$

则最终误差为 $O(\epsilon)$。

QSVM 的运行时间主要受到 3 个操作的影响：核函数的准备时间、相位估计，以及概率振幅放大。

（1）核函数的准备时间为 $O(\log(MN))$。

（2）相位估计的时间步数为 $T = O\left(\dfrac{t_0^2}{\epsilon}\right)$，代入 $t_0 = O\left(\dfrac{1}{\epsilon_k\epsilon}\right)$ 并综合考虑核函数的准备时间可得，QSVM 的运行时间为 $\tilde{O}\left(\epsilon_k^{-2}\epsilon^{-3}\log(MN)\right)$。

（3）QSVM 考虑采用概率振幅放大提高成功的概率，即迭代执行 $O(k_{\text{eff}})$，其中 $k_{\text{eff}} = \dfrac{1}{\epsilon_k}$。

综上可知，QSVM 的总体时间复杂度为 $O\left(k_{\text{eff}}^3\epsilon^{-3}\log(MN)\right)$。

4.3.3 QSVM 的训练过程与预测过程

QSVM 的训练过程包括以下 5 个步骤。

（1）将输入的矩阵 $\boldsymbol{F}$ 编码至量子态 $|\tilde{y}\rangle = \displaystyle\sum_{j=1}^{M+1}\langle u_j|\tilde{y}\rangle|u_j\rangle$，$|u_j\rangle$ 为 $\hat{\boldsymbol{F}}$ 的特征值对应的量子态，其中 $\hat{\boldsymbol{F}} = \boldsymbol{F}/\mathrm{tr}(\boldsymbol{F})$、$\|\boldsymbol{F}\| \leqslant 1$、$\hat{\boldsymbol{F}} = (\boldsymbol{J} + \boldsymbol{K} + \gamma^{-1})/\mathrm{tr}(\boldsymbol{F})$，其中

$$\boldsymbol{J} = \begin{pmatrix} 0 & \boldsymbol{1}^{\mathrm{T}} \\ \boldsymbol{1} & 0 \end{pmatrix} \tag{4.22}$$

（2）实现相位估计。

（3）受控旋转。

（4）概率振幅放大：通过将 $|1\rangle$ 态的概率振幅放大，提高测量的成功率。

（5）测量第一个量子比特，若结果是$|1\rangle$，则输出就是需要的结果，如式（4.23）所示。

$$|b,\alpha\rangle = \frac{1}{\sqrt{c}}\left(b|0\rangle + \sum_{k=1}^{M}\alpha_k|k\rangle\right) \tag{4.23}$$

4.3.4 QSVM 在 VQNet 中的实现

目前，人们通常先使用变分量子线路构建量子核函数，再使用量子核函数替代 SVM 中的经典核函数，进而实现 QSVM。下列代码演示了基于 VQNet 中 crz、ZZFeatureMap 量子逻辑门实现的量子核矩阵，以及通过量子核映射构建 QSVM 并进行数据分类应用。量子核矩阵首先通过量子线路计算每一对数据的相似度，随后组成矩阵输出；量子核映射则先分别计算两组数据映射，再计算这两组数据的相似度矩阵。具体代码如下。

```
1.  import numpy as np
2.  from sklearn.svm import SVC
3.  from sklearn import datasets
4.  from sklearn.decomposition import PCA
5.  from sklearn.preprocessing import StandardScaler, MinMaxScaler
6.  from sklearn.model_selection import train_test_split
7.  from sklearn.metrics import accuracy_score
8.  from scipy.linalg import sqrtm
9.  import matplotlib.pyplot as plt
10. from scipy.linalg import expm
11. import numpy.linalg as la
12. import sys
13. sys.path.insert(0, "../")
14. import pyvqnet
15. from pyvqnet import _core
16. from pyvqnet.dtype import *
17. from pyvqnet.tensor.tensor import QTensor
18. from pyvqnet.qnn.vqc.qcircuit import PauliZ, VQC_ZZFeatureMap,
    PauliX,PauliY,hadamard,crz,rz
19. from pyvqnet.qnn.vqc import QMachine
20. from pyvqnet.qnn.vqc.qmeasure import expval
21. from pyvqnet import tensor
22. import functools as ft
23. np.random.seed(42)
24. # data load
25. digits = datasets.load_digits(n_class=2)
26. # create lists to save the results
27. gaussian_accuracy = []
28. quantum_accuracy = []
```

```
29.  projected_accuracy = []
30.  quantum_gaussian = []
31.  projected_gaussian = []
32.  # reduce dimensionality
33.  def custom_data_map_func(x):
34.      """
35.      custom data map function
36.      """
37.      coeff = x[0] if x.shape[0] == 1 else ft.reduce(lambda m, n: m
* n, x)
38.      return coeff
39.  def vqnet_quantum_kernel(X_1, X_2=None):
40.      if X_2 is None:
41.          X_2 = X_1  # Training Gram matrix
42.      assert (
43.          X_1.shape[1] == X_2.shape[1]
44.      ), "The training and testing data must have the same
dimensionality"
45.      N = X_1.shape[1]
46.      # create device using JAX
47.      # create projector (measures probability of having all
"00...0")
48.      projector = np.zeros((2**N, 2**N))
49.      projector[0, 0] = 1
50.      projector = QTensor(projector,dtype=kcomplex128)
51.      # define the circuit for the quantum kernel ("overlap test"
circuit)
52.      def kernel(x1, x2):
53.          qm = QMachine(N, dtype=kcomplex128)
54.          for i in range(N):
55.              hadamard(q_machine=qm, wires=i)
56.              rz(q_machine=qm,params=QTensor(2 * x1[i],dtype=
kcomplex128), wires=i)
57.          for i in range(N):
58.              for j in range(i + 1, N):
59.                  crz(q_machine=qm,params=QTensor(2 *  (np.pi -
x1[i]) * (np.pi - x1[j]),dtype=kcomplex128), wires=[i, j])
60.          for i in range(N):
61.              for j in range(i + 1, N):
62.                  crz(q_machine=qm,params=QTensor(2 *  (np.pi -
x2[i]) * (np.pi - x2[j]),dtype=kcomplex128), wires=[i, j],use_dagger=
True)
63.          for i in range(N):
64.              rz(q_machine=qm,params=QTensor(2 * x2[i],dtype=
kcomplex128), wires=i,use_dagger=True)
65.              hadamard(q_machine=qm, wires=i,use_dagger=True)
66.          states_1 = qm.states.reshape((1,-1))
```

```
67.          states_1 = tensor.conj(states_1)
68.          states_2 = qm.states.reshape((-1,1))
69.          result = tensor.matmul(tensor.conj(states_1), projector)
70.          result = tensor.matmul(result, states_2)
71.          return result.to_numpy()[0][0].real
72.      gram = np.zeros(shape=(X_1.shape[0], X_2.shape[0]))
73.      for i in range(len(X_1)):
74.          for j in range(len(X_2)):
75.              gram[i][j] = kernel(X_1[i], X_2[j])
76.      return gram
77. def vqnet_projected_quantum_kernel(X_1, X_2=None, params=
QTensor([1.0])):
78.      if X_2 is None:
79.          X_2 = X_1  # Training Gram matrix
80.      assert (
81.          X_1.shape[1] == X_2.shape[1]
82.      ), "The training and testing data must have the same
dimensionality"
83.      def projected_xyz_embedding(X):
84.          """
85.          Create a Quantum Kernel given the template written in
Pennylane framework
86.          Args:
87.              embedding: Pennylane template for the quantum feature
map
88.              X: feature data (matrix)
89.          Returns:
90.              projected quantum feature map X
91.          """
92.          N = X.shape[1]
93.          def proj_feature_map(x):
94.              qm = QMachine(N, dtype=kcomplex128)
95.              VQC_ZZFeatureMap(x, qm, data_map_func=custom_data_
map_func, entanglement="linear")
96.              return (
97.                  [expval(qm, i, PauliX(init_params=QTensor(1.0))).
to_numpy() for i in range(N)]
98.                  + [expval(qm, i, PauliY(init_params=QTensor
(1.0))).to_numpy() for i in range(N)]
99.                  + [expval(qm, i, PauliZ(init_params=QTensor
(1.0))).to_numpy() for i in range(N)]
100.             )
101.         # build the gram matrix
102.         X_proj = [proj_feature_map(x) for x in X]
103.         return X_proj
104.     X_1_proj = projected_xyz_embedding(QTensor(X_1))
```

```
105.      X_2_proj = projected_xyz_embedding(QTensor(X_2))
106.      # print(X_1_proj)
107.      # print(X_2_proj)
108.      # build the gram matrix
109.      gamma = params[0]
110.      gram = tensor.zeros(shape=[X_1.shape[0], X_2.shape[0]],
dtype=7)
111.      for i in range(len(X_1_proj)):
112.        for j in range(len(X_2_proj)):
113.            result = [a - b for a,b in zip(X_1_proj[i], X_2_proj[j])]
114.            result = [a**2 for a in result]
115.            value = tensor.exp(-gamma * sum(result))
116.            gram[i,j] = value
117.      return gram
118. def calculate_generalization_accuracy(
119.      training_gram, training_labels, testing_gram, testing_labels
120. ):
121.      svm = SVC(kernel="precomputed")
122.      svm.fit(training_gram, training_labels)
123.      y_predict = svm.predict(testing_gram)
124.      correct = np.sum(testing_labels == y_predict)
125.      accuracy = correct / len(testing_labels)
126.      return accuracy
127. import time
128. qubits = [2, 4, 8]
129. for n in qubits:
130.      n_qubits = n
131.      x_tr, x_te , y_tr , y_te = train_test_split(digits.data,
digits.target, test_size=0.3, random_state=22)
132.      pca = PCA(n_components=n_qubits).fit(x_tr)
133.      x_tr_reduced = pca.transform(x_tr)
134.      x_te_reduced = pca.transform(x_te)
135.      # normalize and scale
136.      std = StandardScaler().fit(x_tr_reduced)
137.      x_tr_norm = std.transform(x_tr_reduced)
138.      x_te_norm = std.transform(x_te_reduced)
139.      samples = np.append(x_tr_norm, x_te_norm, axis=0)
140.      minmax = MinMaxScaler((-1,1)).fit(samples)
141.      x_tr_norm = minmax.transform(x_tr_norm)
142.      x_te_norm = minmax.transform(x_te_norm)
143.      # select only 100 training and 20 test data
144.      tr_size = 100
145.      x_tr = x_tr_norm[:tr_size]
146.      y_tr = y_tr[:tr_size]
147.      te_size = 100
148.      x_te = x_te_norm[:te_size]
```

```
149.     y_te = y_te[:te_size]
150.     quantum_kernel_tr = vqnet_quantum_kernel(X_1=x_tr)
151.     projected_kernel_tr = vqnet_projected_quantum_kernel
(X_1=x_tr)
152.     quantum_kernel_te = vqnet_quantum_kernel(X_1=x_te, X_2=x_tr)
153.     projected_kernel_te = vqnet_projected_quantum_kernel(X_1=
x_te, X_2=x_tr)
154.     quantum_accuracy.append(calculate_generalization_accuracy
(quantum_kernel_tr, y_tr, quantum_kernel_te, y_te))
155.     print(f"qubits {n}, quantum_accuracy {quantum_accuracy[-1]}")
156.     projected_accuracy.append(calculate_generalization_accuracy
(projected_kernel_tr.to_numpy(), y_tr, projected_kernel_te.to_numpy(),
y_te))
157.     print(f"qubits {n}, projected_accuracy {projected_accuracy
[-1]}")
158.# train_size 100 test_size 20
159.#
160.# qubits 2, quantum_accuracy 1.0
161.# qubits 2, projected_accuracy 1.0
162.# qubits 4, quantum_accuracy 1.0
163.# qubits 4, projected_accuracy 1.0
164.# qubits 8, quantum_accuracy 0.45
165.# qubits 8, projected_accuracy 1.0
166.# train_size 100 test_size 100
167.#
168.# qubits 2, quantum_accuracy 1.0
169.# qubits 2, projected_accuracy 0.99
170.# qubits 4, quantum_accuracy 0.99
171.# qubits 4, projected_accuracy 0.98
172.# qubits 8, quantum_accuracy 0.51
173.# qubits 8, projected_accuracy 0.99
```

4.3.5　QSVM 的数据分类应用

在机器学习任务中，往往存在无法通过原始空间中的超平面来有效分割的数据。为了解决这个问题，一种常见的方法是对数据应用非线性变换函数，也称为特征映射。通过特征映射将数据映射到一个新的特征空间中，就能够在这个新空间中更好地计算数据点之间的距离。这种方法用于进行分类任务。

本例借鉴了文献[9]中的方法，采用了构建 VQC 的方式来执行数据分类任务。下面是该方法的具体实现代码，包括生成所需数据的 gen_vqc_qsvm_data()、基于 VQNet 的 VQC 类 vqc_qsvm，以及通过 VQC_QSVM.plot() 可视化数据分布情况的图表，具体结果如图 4.3.2 所示。

```
1.    """
2.    VQC QSVM
3.    """
```

```
4.  from pyvqnet.qnn.svm import vqc_qsvm, gen_vqc_qsvm_data
5.  import matplotlib.pyplot as plt
6.  import numpy as np
7.
8.  batch_size = 40
9.  maxiter = 40
10. training_size = 20
11. test_size = 10
12. gap = 0.3
13. #线路模块重复次数
14. rep = 3
15. #定义接口类
16. VQC_QSVM = vqc_qsvm(batch_size, maxiter, rep)
17. #随机生成数据
18. train_features, test_features, train_labels, test_labels, samples = \
19.     gen_vqc_qsvm_data(training_size=training_size, test_size=test_size, gap=gap)
20. VQC_QSVM.plot(train_features, test_features, train_labels, test_labels, samples)
21. #训练
22. VQC_QSVM.train(train_features, train_labels)
23. #测试数据测试
24. rlt, acc_1 = VQC_QSVM.predict(test_features, test_labels)
25. print(f"testing_accuracy {acc_1}")
```

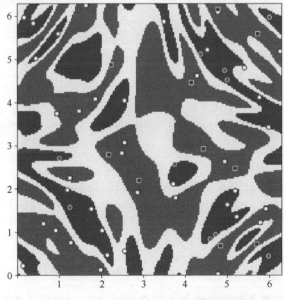

图 4.3.2 可视化数据分布情况

除了上述直接用 VQC 将经典数据特征映射到量子特征空间的方法，文献[2]还介绍了使用量子线路直接估计核函数，并使用 SVM 进行分类的方法。与 SVM 中的各种核函数 $K(i, j)$ 相似，可使用量子核函数定义经典数据在量子特征空间 $\phi(x_i)$ 的内积。该量子核函数如式（4.24）所示，相应的量子线路如图 4.3.3 所示。

$$\left|\phi(x_j)|\phi(x_i)\right\rangle\right|^2 = \left|\langle 0|U^\dagger(x_j)U^\dagger(x_i)|0\rangle\right|^2 \quad (4.24)$$

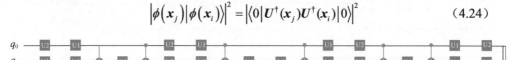

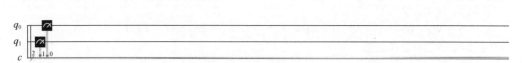

图 4.3.3　量子核函数量子线路

使用 VQNet 和 PyQPanda 定义一个 QuantumKernel_VQNet()来产生量子核函数，并使用 sklearn 的 SVC 进行分类，具体的实现代码如下。

```
1.  import numpy as np
2.  import pyqpanda as pq
3.  from sklearn.svm import SVC
4.  from pyqpanda import *
5.  from pyqpanda.Visualization.circuit_draw import *
6.  from pyvqnet.qnn.svm import QuantumKernel_VQNet, gen_vqc_
qsvm_data
7.  import matplotlib
8.  try:
9.      matplotlib.use('TkAgg')
10. except:
11.     pass
12. import matplotlib.pyplot as plt
13. train_features, test_features,train_labels, test_labels, samples
= gen_vqc_qsvm_data(20,5,0.3)
14. quantum_kernel = QuantumKernel_VQNet(n_qbits=2)
15. quantum_svc = SVC(kernel=quantum_kernel.evaluate)
16. quantum_svc.fit(train_features, train_labels)
17. score = quantum_svc.score(test_features, test_labels)
18. print(f"quantum kernel classification test score: {score}")
```

4.4　小结

首先，本章对 SVM 的概念和基本原理进行了详细介绍，并介绍了 SVM 的优化目标、约束条件，以及它在分类问题和回归问题上的应用。此外，对 SVM 的优缺点及改进方法进行了阐述，以帮助读者全面理解经典机器学习方法。

随后，本章引入了 QSVM 的概念和基本原理，并介绍了量子核方法，以及 QSVM 的优化目标与约束条件。

最后，本章详细介绍了 QSVM 的具体实现，包括 QSVM 的实现方法与流程、复杂度与误差控制，以及训练过程与预测过程。特别地，重点介绍了 QSVM 在 VQNet 中的实现，并展示了它的数据分类应用。这个实际案例充分展示了量子计算在机器学习中的潜力，为读者呈现了 QSVM 的实际应用场景。

第5章　聚类

本章首先介绍经典聚类和量子聚类的概念和基本原理，随后具体介绍一些有代表性的经典聚类算法和量子聚类算法，最后提供一种基于 VQNet 的量子 K-means 算法的代码实现，并在鸢尾花数据集上对其进行了实验。

5.1　经典聚类

本节主要介绍聚类的概念和基本原理，并具体介绍 5 种常用的聚类算法。最后，介绍聚类算法的性能度量和距离计算，以及聚类算法的优缺点与改进方法。

5.1.1　聚类的概念与基本原理

聚类是根据在数据中发现的描述对象及其关系的信息，将数据对象分组（称为簇）。簇内相似性越大、簇间差距越大，说明聚类效果越好。也就是说，聚类的目标是得到较高的簇内相似度和较低的簇间相似度，使簇间的距离尽可能大，簇内样本与簇中心的距离尽可能小。

聚类属于无监督的学习方法，是指给定一个有 n 个对象的数据集，构造数据的 k 个簇（ $k \leq n$ ）。这些簇需满足以下 3 个条件。

（1）每个簇至少包含一个对象。

（2）每个对象属于且仅属于一个簇。

（3）将满足上述条件的 k 个簇称作一个合理划分。

聚类得到的簇可以用聚类中心、簇大小、簇密度和簇描述等来表示，它们的具体含义如下。

（1）聚类中心：一个簇中所有样本点的均值（质心）。

（2）簇大小：簇中所含样本的数量。

（3）簇密度：簇中样本点的紧密程度。

（4）簇描述：簇中样本的业务特征。

聚类的过程包括以下 5 个步骤。

（1）数据准备：包括特征标准化和降维。

（2）特征选择：从最初的特征中选择最有效的特征，并将其存储在向量中。

（3）特征提取：通过对所选择的特征进行转换，形成新的突出特征。

（4）聚类：首先选择特征类型合适的某种距离函数（或构造新的距离函数）进行接近程度的度量，随后执行聚类。

（5）聚类结果评估：主要有外部有效性评估、内部有效性评估和相关性评估。

良好的聚类算法具有较好的可伸缩性、处理不同类型数据的能力、处理噪声数据的能力、对样本顺序的不敏感性、约束条件下的良好表现、易解释性和易用性等特征。

5.1.2 常用的聚类算法

常用的聚类算法有 5 种，分别是基于划分的聚类算法、基于层次的聚类算法、基于密度的聚类算法、基于网格的聚类算法、基于模型的聚类算法。

1. 基于划分的聚类算法

基于划分的聚类算法是一种简单、常用的聚类算法，它通过将对象划分为互斥的簇进行聚类，每个对象属于且仅属于一个簇，划分结果旨在使簇间相似性低、簇内相似度高。基于划分的聚类算法有 K-Means 算法、K-中心点（K-Medoids）算法及 K-原型（K-Prototype）算法等。

K-Means 算法[10]主要计算样本点与质心的距离，将与质心相近的样本点划分为同一个簇。K-Means 算法通过样本间的距离来衡量它们之间的相似度，两个样本的距离越大，则相似度越低，否则相似度越高。K-Means 算法的原理简单、容易实现，且运行效率比较高，适用于高维数据的聚类；但 K-Means 算法采用贪心策略，容易局部收敛，在大规模数据集上求解速度较慢，并且对离群点和噪声点非常敏感，少量的离群点和噪声点可能对算法求平均值产生极大影响，从而影响聚类结果。K-Means 算法中初始聚类中心的选取对算法结果的影响也很大，不同的初始聚类中心可能会导致不同的聚类结果。对此，研究人员提出 K-Means++算法[11]，其思想是使初始聚类中心之间的距离尽可能远。K-Means++算法提高了局部最优点的质量，并且收敛更快，但计算量较大。

K-Means 算法快速、高效，但存在一些短板，特别是样本中的异常数据，可能会使聚类结果产生严重偏差。K-Medoids 算法[12]则克服了 K-Means 算法的这个缺点。K-Medoids 算法不是通过计算簇中所有样本的平均值得到簇的中心，而是通过选取原有样本中的样本点作为代表对象来代表这个簇，并计算剩下的样本点与代表对象的距离，最后将样本点划分到与其距离最近的代表对象所在的簇中。

K-Prototype 算法[13]是处理混合属性聚类的典型算法。它继承了 K-Means 算法和 K-Medoids 算法的思想，适用于数值类型与字符类型集合的数据。K-Prototype 算法是通过在聚类过程中引入参数 γ 来控制数值属性和分类属性的权重。

2．基于层次的聚类算法

基于层次的聚类算法应用的广泛程度仅次于基于划分的聚类算法，前者的核心思想是按照层次把数据集中的数据划分到不同层的簇中，从而形成一个树形的聚类结构。基于层次的聚类算法可以揭示数据的分层结构，在树形结构上对不同层次进行划分，从而得到不同粒度的聚类结果。按照层次划分过程的不同，基于层次的聚类算法可分为自底向上的聚合聚类算法和自顶向下的分裂聚类算法。

聚合聚类算法将每个样本看作一个簇（初始状态下簇的数量等于样本的数量），并根据一定的算法规则进行运算，如把簇间距离较小的相似簇合并为较大的簇，直到满足算法的终止条件为止。聚合聚类算法以自底向上聚合（AGNES）算法、平衡迭代规约和聚类使用层次（BIRCH）算法、鲁棒的链接型聚类（ROCK）算法等为代表。

分裂聚类算法是先将所有样本看作属于同一个簇，再逐渐分裂成更小的簇，直到满足算法终止条件为止。目前，基于层次的聚类算法大多采用聚合聚类方式，采用分裂聚类的比较少。分裂聚类算法以 DIANA 算法为代表。

3．基于密度的聚类算法

在聚类过程中，基于划分的聚类算法和基于层次的聚类算法都是根据距离来划分簇，因此只能用于挖掘球状簇。但是，现实中往往还会有各种形状，这时上述两大类算法就不再适用。

为了弥补这个缺陷，人们提出了基于密度的聚类算法。这种算法利用密度思想，将样本中的高密度区域（样本点分布稠密的区域）划分为簇，将簇看作样本空间中被稀疏区域（噪声）分隔开的稠密区域。这种算法的主要目的是过滤样本空间中的稀疏区域，获取稠密区域，并将其作为簇。

基于密度的聚类算法是根据密度而不是距离来计算样本相似度，能够用于挖掘任意形状的簇，并且能够有效地过滤噪声样本对聚类结果的影响。常见的基于密度的聚类算法有 DBSCAN（Density-based Spatial Clustering of Applications with Noise）算法、OPTICS（Ordering Points to Identify the Clustering Structure）算法和 DENCLUE（Density Clustering）算法等。其中，OPTICS 算法对 DBSCAN 算法进行了改进，降低了对输入参数的敏感度。DENCLUE 算法则对基于划分的聚类算法、基于层次的聚类算法进行了综合。

4．基于网格的聚类算法

基于划分的聚类算法和基于层次的聚类算法都无法发现非凸面形状的簇，真正能有效发现任意形状簇的算法是基于密度的聚类算法，但基于密度的聚类算法一般时间复杂度较高。1996—2000 年，研究数据挖掘的学者们提出了大量基于网格的聚类算法。这种算法可以有效地降低算法的计算复杂度，且同样对密度参数敏感。

基于网格的聚类算法通常将数据空间划分为有限个单元的网格结构，所有处理都是以单个单元为对象。这种处理方式的速度很快，因为这与数据点数无关，只与单元数有关。常见的基于网格的聚类算法有 STING（Statistical Information Grid）算法、CLIQUE（Clustering in Quest）算法和 WaveCluster 算法。

5．基于模型的聚类算法

基于模型的聚类算法主要是指基于概率模型的算法和基于神经网络模型的算法，尤其以基于概率模型的算法居多。这里的概率模型主要指概率生成模型，即同一类的数据属于同一种概率分布。这种算法的优点在于对类的划分不那么"坚硬"，而是以概率形式表现，每一类的特征也可以用参数来表达；缺点是执行效率不高，特别是在分布数量很多并且数据量很少的情况下。其中，最典型且最常用的算法就是高斯混合模型（Gaussian Mixture Model，GMM）。

基于神经网络模型的聚类算法主要是指自组织映射（Self Organing Map，SOM）算法。该算法假设输入对象中存在一些拓扑结构或顺序，可以实现从输入空间（n 维）到输出平面（二维）的降维映射，其映射具有拓扑特征保持性质，与实际的大脑处理有很强的理论联系。SOM 网络包含输入层和输出层。输入层对应一个高维的输入向量，输出层由一系列组织在二维网格上的有序节点构成，输入节点与输出节点通过权重向量连接。学习过程中，需找到与输入节点的距离最短的输出层单元，即获胜单元，对其更新。同时，需更新邻近区域的权值，使输出节点保持输入向量的拓扑特征。

5.1.3 性能度量和距离计算

聚类分析的度量指标用于对聚类结果进行评判，分为性能度量和距离计算两大类。性能度量是指用事先指定的聚类模型作为参考来评判聚类结果的好坏，包括 Rand 统计量（Rand Statistic）、F 值（F‑measure）、Jaccard 系数（Jaccard Coefficient）、FM 指数（Fowlkes and Mallows Index）。距离计算指不借助任何外部参考，只用参与聚类的样本评判聚类结果。常用的距离计算包括欧几里得距离（Euclidean Distance）、曼哈顿距离（Manhattan Distance）、切比雪夫距离（Chebyshev Distance）和闵可夫斯基距离（Minkowski Distance）等。

对于含有 n 个样本点的数据集 S，其中的两个不同样本点为 x_i、y_i。假设 C 是聚类算法给出的簇划分结果，P 是外部参考模型给出的簇划分结果。那么对样本点 x_i、y_i 来说，存在以下 4 种关系。

SS：x_i、y_i 在 C 和 P 中属于相同的簇。

SD：x_i、y_i 在 C 中属于相同的簇，在 P 中属于不同的簇。

DS：x_i、y_i 在 C 中属于不同的簇，在 P 中属于相同的簇。

DD：x_i、y_i 在 C 和 P 中属于不同的簇。

令 a、b、c、d 分别表示 SS、SD、DS、DD 对应的关系数，由于 x_i、y_i 所对应的关系必定是上述 4 种关系的一种，且仅能存在一种关系，因此 4 个性能度量指标可分别表示如下。

1．Rand 统计量

$$R = \frac{a+b}{a+b+c+d} \tag{5.1}$$

2．F 值

（1）$P = \dfrac{a}{a+b}$，$R = \dfrac{a}{a+c}$，P 表示准确率，R 表示召回率。

（2）$F = \dfrac{(\beta^2+1)PR}{\beta^2 P + R}$，$\beta$ 是参数。当 $\beta = 1$ 时，就是常见的 F1 值。

3．Jaccard 系数

$$J = \frac{a}{a+b+c} \tag{5.2}$$

4．FM 指数

$$\mathrm{FM} = \sqrt{\frac{a}{a+b}\frac{a}{a+c}} = \sqrt{PR} \tag{5.3}$$

上述 4 个性能度量指标的值越大，表明聚类结果和参考模型的直接划分结果越吻合，聚类结果就越好。

在聚类分析中，对于两个 m 维样本 $x_i = (x_{i1}, x_{i2}, \cdots, x_{im})$ 和 $x_j = (x_{j1}, x_{j2}, \cdots, x_{jm})$，常用的 4 种距离计算指标可分别表示如下。

1．欧几里得距离

计算欧几里得空间中两点之间的距离：

$$\mathrm{dict}_{\mathrm{ed}} = \sqrt{\sum_{k=1}^{m}\left(x_{ik} - x_{jk}\right)^2} \tag{5.4}$$

2. 曼哈顿距离

欧几里得距离表明了空间中两点间的直线距离，但是在城市中，两个地点之间的实际距离是沿着道路行驶的距离，而不能计算直接穿过大楼的直线距离。曼哈顿距离（又称城市街区距离）就用于度量这样的实际行驶距离。

$$\text{dict}_{\text{manh}} = \sum_{k=1}^{m} \left| x_{ik} - x_{jk} \right| \tag{5.5}$$

3. 切比雪夫距离

切比雪夫距离是将空间坐标中两个点的距离定义为它们坐标数值差绝对值的最大值。切比雪夫距离在国际象棋棋盘中，表示国王从一个格子移动到另外一个格子所走的步数，如式（5.6）所示。

$$\text{dict}_{\text{cheb}} = \max_{k} \left(\left| x_{ik} - x_{jk} \right| \right) \tag{5.6}$$

4. 闵可夫斯基距离

闵可夫斯基距离是欧几里得空间的一种测度，是一组距离的定义，被看作欧几里得距离和曼哈顿距离的一种推广。

$$\text{dict}_{\text{mink}} = \sqrt[p]{\sum_{k=1}^{m} \left| x_{ik} - x_{jk} \right|^{p}} \tag{5.7}$$

其中，p 是一个可变的参数。

根据 p 取值的不同，闵可夫斯基距离可以表示不同类型的距离。当 $p = 1$ 时，闵可夫斯基距离就变成了曼哈顿距离；当 $p = 2$ 时，闵可夫斯基距离就变成了欧几里得距离；当 $p \to \infty$ 时，闵可夫斯基距离就变成了切比雪夫距离。

5.1.4 聚类算法的优缺点与改进方法

本小节对上述 5 种聚类算法的优点和缺点进行总结。

1. 基于层次的聚类算法

优点：算法简单，可以处理大小不同的簇，可以得到不同粒度上的多层次聚类结构，适用于任意形状的聚类。

缺点：对样本的输入顺序不敏感，算法时间复杂度较高，计算过程具有不可逆性，聚类终止条件具有不精确性。

2. 基于划分的聚类算法

优点：算法简单，基于距离的聚类，容易发现球形互斥的簇，时间复杂度相对较低。

缺点：基于质心的聚类，对边缘点、离群点的处理效果一般。

3．基于密度的聚类算法

优点：可以发现任意形状的簇，广泛应用于空间信息处理。

缺点：对噪声数据不敏感，计算量大，计算速度较慢。

4．基于网格的聚类算法

优点：多分辨率，查询效率高，处理数据的速度快。

缺点：所有的聚类都在网格结构中进行，聚类的质量取决于网格结构最底层的粒度和密度阈值，因此准确率不高。

5．基于模型的聚类算法

优点：更具可视化。

缺点：时间复杂度较高，执行效率低，对小规模数据样本的聚类效果差。

对于不同类型的聚类问题，合适的聚类算法各不相同，并且在处理实际问题时，这些经典聚类算法很难得到非常高效和准确的聚类结果，因此需要对算法做出改进。下面介绍一些应用较广泛的聚类算法的改进方案。

对于初始聚类中心的问题，K-Means++算法不再随机选择 K 个聚类中心：假设已经选取了 m 个聚类中心（$0<m<K$），当 $m=1$ 时，随机选择一个聚类中心点；在选取第 $m+1$ 个点的时候，距离当前 m 个聚类中心点的中心越远的点，越会以更高的概率被选择。K-Means++算法在一定程度上可以让"随机"选择的聚类中心的分布更均匀。此外，还有 canopy 算法等。K-Means 算法是使用欧几里得距离来进行测量，显然，这种测量方式不适合所有的数据集。Kernel K-Means 算法参照 SVM 中核函数的思想，将样本映射到另外一个特征空间内，可以达到改善聚类效果的作用。

5.2 量子聚类

本节首先介绍量子聚类的基本原理，随后介绍一些常用的量子聚类算法，包括量子 K-Means 算法、量子 K-Median 算法、量子最小生成树算法，最后具体介绍基于相似度的量子聚类算法。

5.2.1 量子聚类的基本原理

经典聚类的关键是如何计算样本数据之间的相似度并将数据自动归类，而相似度通过样本数据之间的距离来评估。量子聚类则是指在经典聚类中融入量子计算，使用量子计算的高并行特征实现对经典聚类的加速。

量子聚类的基本原理：首先将经典聚类中的信息映射成量子态，然后对量子态进行酉变化操作，进而达到聚类的目的。因此，与 QSVM 一样，当前的量子聚类大多集中于用量子算法替代原有经典聚类中的相似度计算过程，进而达到降低计算复杂度、提高算法效率的目的。

量子聚类的一般步骤如下。

（1）将经典信息转换成量子信息。

（2）使用量子算法计算量子信息之间的相似度。

（3）提取最终计算结果。由于计算结果为量子态无法直接使用，需要经过量子测量操作，使量子叠加态坍缩至经典态，将经典信息提取出来。

5.2.2 常用的量子聚类算法

常用的经典聚类算法包括 K-Means 算法、K-Median 算法，以及最小生成树算法等，这些算法也都有相应的量子算法。

Lloyd 等人[14]构造了量子 K-Means 算法。该算法的核心思想是比较量子态间的距离。首先将输入样本向量转化为量子态，进而将向量间的距离比较转化为量子态间的距离比较。该算法表明，一个待聚类样本与包含多个样本的聚类的距离，可在量子计算机上进行高效的计算。第 5.3 节会对该算法展开详细的描述。

此外，Aïmeur 等人[15]提出了量子 K-Median 算法。该算法基于两步量子计算符程序实现：首先，借助黑箱算符（Oracle 算符）计算两个量子态间的距离，进而可得到每个量子态与一个聚类中所有状态的距离总和；随后，基于最小值搜索算法，找到上述距离总和的最小值，从而将对应的量子态选为该聚类新的聚类中心（称为 Median）。量子 K-Median 算法通过量子搜索算法进行加速，但本质上属于分裂聚类算法，并未改变其主体框架。在处理大量样本且样本数据维度较高时，经典的分裂聚类算法的效率会降低。因此，以量子 K-Median 算法为代表的量子分裂聚类算法，通过结合量子计算步骤实现了明显的加速，对其他量子机器学习算法来说具有较好的借鉴意义。

最小生成树算法也是一种常用的聚类算法。该算法的目标是在特征空间中找到一个连接所有样本数据点（且每个数据点仅被连接一次）的最短路径。一旦找到了最小生成树，消除其余 $K-1$ 条最长的连接边，即可将样本数据点划分为 K 个子类。通常，依靠经典计算机找到一个最小生成树路径的时间复杂度为 $O(N_2)$，N 为特征空间中样本点的个数。但是，借助 Oracle 算符和 Grover 算法的量子最小生成树算法，可对经典的最小生成树算法进行加速。

5.2.3 基于相似度的量子聚类算法

量子 K-Means 算法、量子分裂聚类算法都是基于相似度的量子聚类算法。它们均以样本数据的距离为样本相似度指标，即两个样本的距离越近，相似度就越高。当遇到海量样本数据时，它们就会存在时间开销较大的问题，因此使用量子计算对样本相似度的计算进行加速，可以提高算法的效率。

分裂聚类算法是聚类算法中最简单、常用的一类算法。该算法首先将所有的数据点视为一个簇，然后不断分裂簇，直至每个簇不能再分裂。通常，该算法会选取所有数据点中尽可能远的两个数据点，作为初始分裂的两个子类的代表：

$$D_{\max}\left(C_x, C_y\right) = \max_{x \in C_x, y \in C_y} \|x - y\| \tag{5.8}$$

其中，$D_{\max}$ 表示簇 C_x 与 C_y 之间的最大距离。

若有 n 个样本，每个样本维度为 m，则经典分裂聚类算法中该步骤的时间复杂度为 $O(n^2)$。显然，若处理含有大量样本，且维数较高的数据集时，经典分裂聚类算法的计算效率就会较低。Aïmeur 等人提出了结合量子计算，使用 Grover 变体算法，实现快速寻找最大距离点的算法。该算法主要流程的伪代码如下。

```
1.  Quantum divisive clustering(D)
2.  If (D内数据点均满足距离相似性条件)
3.        Return D
4.  Else{
5.        初始化 d_max=0
6.        Do
7.        利用 Grover 变体算法寻找距离最远的点 a、b
8.        If d(a,b)>d_max
9.             d_max=d(a,b)
10.       while 存在 d(a,b)≥d_max
11. For each x∈D
12.       将 x 分配到对应的簇 a 或簇 b
13. End for
14. 将 D 分裂形成类簇 D_a 和 D_b
15. Quantum divisive clustering(D_a)
16. Quantum divisive clustering(D_b)
17. End if}
```

量子分裂聚类算法主要依靠 Grover 变体算法来解决数据集的最值问题，其提速效果主要源自此部分，并未改变经典分裂聚类算法的主体框架。

5.3 量子聚类在 VQNet 中的实现

本节首先介绍量子 K-means 算法的基本流程及相似度计算，随后提供了基于 VQNet

的量子 K-Means 算法的代码，以及对鸢尾花数据集进行分类的实验结果。

5.3.1　量子 K-Means 算法流程

量子 K-Means 算法的核心思想是对实向量间的距离进行比较，通过寻找向量 $\boldsymbol{u}$ 与集合 $\{\boldsymbol{v}\}$ 中的哪个向量的距离最近来不断分类，进而不断自动获得聚类结果：

$$\arg\min_c |\boldsymbol{u} - m^{-1}\sum_{j-1}^{m}\boldsymbol{v}_j^c| \tag{5.9}$$

其中，m 为样本总数，$\boldsymbol{v}_j^c$ 为 c 簇的第 j 个分量。

该算法通过 $|u\rangle = \dfrac{\boldsymbol{u}}{|\boldsymbol{u}|}$ 将实向量转换成量子态，从而将向量间的距离比较转换成量子态间的距离比较。

量子 K-means 算法主要包含以下 4 个步骤。

（1）将待聚类的数据点和各聚类中心点转换成量子态。

（2）利用受控交换门 Congtrolled-SWAP 计算任一数据点 $\boldsymbol{x}_i$ 和 k 个聚类中心 $c = \{c_1, c_2, \cdots, c_k\}$ 的相似度，并利用相位估计算法将相似度存储在量子比特中。

（3）根据上述 k 个相似度求出最相似的聚类中心 c_j。

（4）相似性计算：计算量子态 $|x\rangle$ 与 $|c\rangle$ 的相似度，并利用相位估计算法将相似度存储在量子比特中。

5.3.2　量子 K-Means 算法相似度计算

量子态相似度的计算采用了受控交换门 Congtrolled-SWAP，如图 5.3.1 所示。

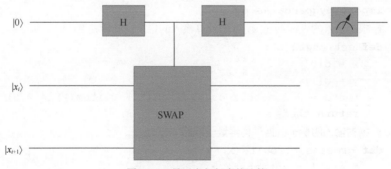

图 5.3.1　量子态相似度的计算

下面介绍相关计算公式的推导。

定义纠缠态：

$$|x_i\rangle = \frac{1}{\sqrt{2}}\left(|u\rangle|0\rangle + \frac{1}{\sqrt{m}}\sum_{j=1}^{m}|v_j^c\rangle|j\rangle\right)$$
$$|x_{i+1}\rangle = \frac{1}{\sqrt{2}}\left(|u\rangle|0\rangle - \frac{1}{\sqrt{m}}\sum_{j=1}^{m}|v_j^c\rangle|j\rangle\right)$$
$$(5.10)$$

归一化系数：

$$Z = |u|^2 + n^{-1}\sum_{j=1}^{n}|v_j^c|^2 \tag{5.11}$$

两个量子态间的距离：

$$D_i = \sqrt{2\left|\langle x_i | x_{i+1}\rangle\right|^2 Z} \tag{5.12}$$

其中，$\left|\langle x_i | x_{i+1}\rangle\right|^2$ 可由图 5.3.1 实现。

通过测量，得到 $|0\rangle$ 的概率为

$$P(|0\rangle) = \frac{1}{2} + \frac{\left|\langle x_i | x_{i+1}\rangle\right|^2}{2} \tag{5.13}$$

即

$$\left|\langle x_i | x_{i+1}\rangle\right|^2 = 2P(|0\rangle) + 1 \tag{5.14}$$

5.3.3 基于 VQNet 的量子 K-Means 算法

VQNet 提供了量子 K-Means 算法的实现过程。基于 PyQPanda 的量子 K-Means 线路代码如下。

```
1.  import math
2.  import pyqpanda as pq
3.  # 根据输入的坐标点 d(x,y) 来计算输入的量子门旋转角度
4.  def get_theta(d):
5.      x = d[0]
6.      y = d[1]
7.      theta = 2 * math.acos((x.item() + y.item()) / 2.0)
8.      return theta
9.  # 根据输入的量子数据点构建量子线路
10. def qkmeans_circuits(x, y):
11.     theta_1 = get_theta(x)
12.     theta_2 = get_theta(y)
13.     num_qubits = 3
14.     machine = pq.CPUQVM()
15.     machine.init_qvm()
16.     qubits = machine.qAlloc_many(num_qubits)
```

```
17.        cbits = machine.cAlloc_many(num_qubits)
18.        circuit = pq.QCircuit()
19.        circuit.insert(pq.H(qubits[0]))
20.        circuit.insert(pq.H(qubits[1]))
21.        circuit.insert(pq.H(qubits[2]))
22.        circuit.insert(pq.U3(qubits[1], theta_1, np.pi, np.pi))
23.        circuit.insert(pq.U3(qubits[2], theta_2, np.pi, np.pi))
24.        circuit.insert(pq.SWAP(qubits[1], qubits[2]).control
([qubits[0]]))
25.        circuit.insert(pq.H(qubits[0]))
26.        prog = pq.QProg()
27.        prog.insert(circuit)
28.        prog << pq.Measure(qubits[0], cbits[0])
29.        prog.insert(pq.Reset(qubits[0]))
30.        prog.insert(pq.Reset(qubits[1]))
31.        prog.insert(pq.Reset(qubits[2]))
32.        result = machine.run_with_configuration(prog, cbits, 1024)
33.        data = result
34.        if len(data) == 1:
35.            return 0.0
36.        else:
37.            return data['001'] / 1024.0
```

5.3.4   量子 K-Means 算法在鸢尾花聚类问题中的应用

本小节通过以下 6 个步骤，实现基于 VQNet 的量子 K-Means 算法在鸢尾花聚类问题中的应用。

（1）如果采用 Python 3.8 环境，建议使用 conda 进行环境配置（conda 自带 numpy、scipy、matplotlib、sklearn 等工具包，使用方便）。如果采用 Python 进行环境配置，不仅需要安装相关的包，还需要准备 pyvqnet。

（2）数据采用 scipy 下的 make_blobs 来随机产生，并定义函数用于生成高斯分布数据。具体代码如下。

```
1.   import math
2.   import numpy as np
3.   from pyvqnet.tensor import QTensor, zeros
4.   import pyvqnet.tensor as tensor
5.   import pyqpanda as pq
6.   from sklearn.datasets import make_blobs
7.   import matplotlib.pyplot as plt
8.   import matplotlib
9.   try:
10.      matplotlib.use("TkAgg")
11.  except:  #pylint:disable=bare-except
```

```
12.      print("Can not use matplot TkAgg")
13.      pass
14. # 根据数据的数据量 n，聚类中心 k 和数据标准差 std 返回对应数据点和聚类中心点
15. def get_data(n, k, std):
16.      data = make_blobs(n_samples=n, n_features=2, centers=k,
cluster_std=std, random_state=100)
17.      points = data[0]
18.      centers = data[1]
19.      return points, centers
20.      data = result
21.      if len(data) == 1:
22.          return 0.0
23.      else:
24.          return data['001'] / 1024.0
```

（3）使用第 5.3.3 小节构建的量子 K-Means 线路。

（4）对相关聚类数据进行可视化计算，代码如下。

```
1.  # 对散点和聚类中心进行可视化
2.  def draw_plot(points, centers, label=True):
3.      points = np.array(points)
4.      centers = np.array(centers)
5.      if label==False:
6.          plt.scatter(points[:,0], points[:,1])
7.      else:
8.          plt.scatter(points[:,0], points[:,1], c=centers, cmap=
'viridis')
9.      plt.xlim(0, 1)
10.     plt.ylim(0, 1)
11.     plt.show()
```

（5）对相关聚类数据进行聚类中心计算，代码如下。

```
1.  # 随机生成聚类中心点
2.  def initialize_centers(points,k):
3.      return points[np.random.randint(points.shape[0],size=k),:]
4.  def find_nearest_neighbour(points, centroids):
5.      n = points.shape[0]
6.      k = centroids.shape[0]
7.      centers = zeros([n])
8.      for i in range(n):
9.          min_dis = 10000
10.         ind = 0
11.         for j in range(k):
12.             temp_dis = qkmeans_circuits(points[i, :], centroids
[j, :])
```

```python
13.              if temp_dis < min_dis:
14.                  min_dis = temp_dis
15.                  ind = j
16.          centers[i] = ind
17.      return centers
18. def find_centroids(points, centers):
19.     k = int(tensor.max(centers).item()) + 1
20.     centroids = tensor.zeros([k, 2])
21.     for i in range(k):
22.         cur_i = centers == i
23.         x = points[:,0]
24.         x = x[cur_i]
25.         y = points[:,1]
26.         y = y[cur_i]
27.         centroids[i, 0] = tensor.mean(x)
28.         centroids[i, 1] = tensor.mean(y)
29.     return centroids
30. def preprocess(points):
31.     n = len(points)
32.     x = 30.0 * np.sqrt(2)
33.     for i in range(n):
34.         points[i, :] += 15
35.         points[i, :] /= x
36.     return points
37. def qkmean_run():
38.     n = 100  # number of data points
39.     k = 3  # Number of centers
40.     std = 2  # std of datapoints
41.     points, o_centers = get_data(n, k, std)  # dataset
42.     points = preprocess(points)  # Normalize dataset
43.     centroids = initialize_centers(points, k)  # Intialize centroids
44.     epoch = 9
45.     points = QTensor(points)
46.     centroids = QTensor(centroids)
47.     plt.figure()
48.     draw_plot(points.data, o_centers,label=False)
49.     # 运行算法
50.     for i in range(epoch):
51.             centers = find_nearest_neighbour(points, centroids) # find nearest centers
52.             centroids = find_centroids(points, centers)  # find centroids
53.     plt.figure()
54.     draw_plot(points.data, centers.data)
```

```
55.  # 运行程序入口
56.  if __name__ == "__main__":
57.      qkmean_run()
```

（6）算法结果对比：图 5.3.2 和图 5.3.3 所示分别为聚类前和聚类后的数据分布可视图。

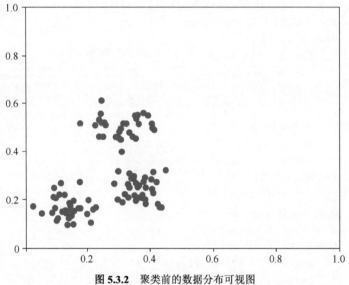

图 5.3.2 聚类前的数据分布可视图

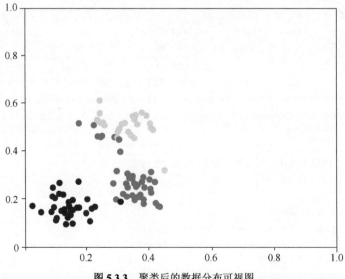

图 5.3.3 聚类后的数据分布可视图

5.4 小结

本章首先介绍了经典聚类算法的概念和基本原理，以及常用的经典聚类算法，阐述了经典聚类算法的性能度量和距离计算，并且介绍了上述算法的优缺点和改进方法；随后，介绍了量子聚类算法的概念和基本原理，以及常用的量子聚类算法，重点介绍了基于相似度的量子聚类算法；最后，描述了基于 VQNet 的量子 K-Means 算法的实现，并且将该算法成功地应用在鸢尾花聚类问题中。运算结果表明，量子 K-Means 算法具有很好的聚类性能。

通过理论分析与实验证明可以发现，传统机器学习中普遍存在的高维向量间距离和内积的计算可在量子计算中实现，对相关复杂度高的部分进行量子线路替换，从而有效地降低算法的复杂度。这预示着量子机器学习拥有大数据分析处理的相关优势。

第6章 卷积神经网络

本章主要介绍经典卷积神经网络（CNN）和基于量子计算的卷积神经网络（QCNN），以及 QCNN 在图像识别中的应用。

6.1 经典卷积神经网络

本节主要介绍 CNN 的基本原理和相关模块，并介绍模块相关代码。

6.1.1 CNN 的基本原理

CNN 是一种基于深度学习的前馈神经网络（Feed-forward Neural Network），主要用于图像和视频识别、分类、分割和标注等计算机视觉任务。

CNN 的基本结构由 5 个部分组成：输入层（Input Layer）、卷积层（Convolution Layer）、池化层（Pooling Layer）、全连接层（Full-connection Layer）和激活函数层。下面以图像分类任务为例，简单介绍 CNN 的结构，如图 6.1.1 所示。

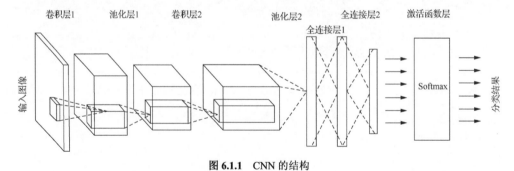

图 6.1.1 CNN 的结构

输入层：在用于图像处理的 CNN 中，输入层一般代表一张图像的像素矩阵。一张图像可以用三维矩阵表示，三维矩阵的长和宽表示图像的大小，而三维矩阵的深度表示图像的色彩通道。例如，黑白图像的深度为 1，而在 RGB 色彩模式下，图像的深度为 3。

卷积层：卷积层是 CNN 最重要的部分。与传统全连接层不同，卷积层中每一个节点的输入只是上一层神经网络的一小块。卷积层被称为过滤器（Filter）或内核

（Kernel）。在一个卷积层中，过滤器所处理的节点矩阵的长和宽都是由人工指定的，这个节点矩阵的尺寸也被称为过滤器尺寸。常用的尺寸有 3×3 或 5×5，而过滤层处理的矩阵深度和当前处理的神经层网络节点矩阵的深度一致。

池化层：池化层不会改变输入矩阵的深度，但可以缩小输入矩阵。通过池化层，可以进一步缩小最后全连接层中的节点数，从而达到减少整个神经网络参数的目的。

全连接层：卷积层和池化层的处理过程可以看作信息提取的过程，经过多轮卷积层和池化层的处理之后，可以认为图像中的信息已经被抽象为信息含量更高的特征。在完成信息提取之后，CNN 则通过全连接层来实现分类任务，由几个全连接层给出最后的分类结果。

激活函数层：通过该层可以得到当前例子的不同类型的概率分布结果。

6.1.2 卷积运算与池化运算

卷积运算（Convolutional Operation）是指利用卷积核在图像或特征图上进行卷积操作，得到一系列新的卷积特征图。卷积核通常是一个小的矩阵，它在原始图像上按照步长移动，并与图像像素一一对应地相乘并求和，最终将卷积核的所有结果汇总在一起形成一个新的特征。卷积运算通过不断地提取特征，将图像或特征图逐渐压缩和减小，可使后续的神经网络处理更加高效。假设一个卷积核如图 6.1.2 所示，输入数据如图 6.1.3 所示。

3	3	2	1	0
0	0	1	3	1
3	1	2	2	3
2	0	0	2	2
2	0	0	0	1

0	1	2
2	2	0
0	1	2

图 6.1.2 卷积核　　　　　　　　图 6.1.3 输入数据

那么，根据对应元素相乘并求和的规则，可得出单位步长下卷积运算的输出数据如图 6.1.4 所示。

根据有无填充及步长，输出的矩阵维度也有所区别。输出矩阵维度的计算如式（6.1）和式（6.2）所示。

$$长度：H_2 = \frac{H_1 - F_H + 2P}{S} + 1 \tag{6.1}$$

$$宽度：W_2 = \frac{W_1 - F_W + 2P}{S} + 1 \tag{6.2}$$

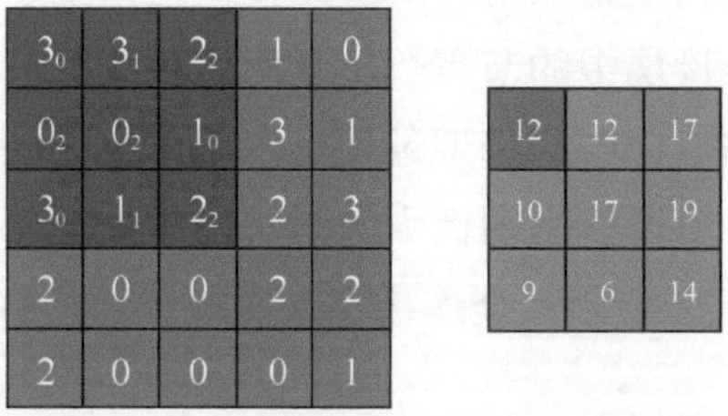

图 6.1.4 单位步长下卷积运算的输出数据

其中，W_1、H_1 分别表示输入的宽度、长度，W_2、H_2 分别表示输出特征图的宽度、长度，F_H 和 F_W 分别表示卷积核的长和宽，S 表示滑动窗口的步长，P 表示边界填充。

池化运算（Pooling Operation）是对卷积特征图进行压缩或减小的一种操作，通常使用的是最大池化（Max Pooling）或平均池化（Mean Pooling），即在每个小窗口内求取最大值或平均值，并将这个值作为该窗口的池化结果。池化运算一样采用滑动窗口，可以降低特征图的数据量，减少计算量，防止过拟合，同时能保留特征图的主要特征，使神经网络更加容易训练和泛化。图 6.1.5 和图 6.1.6 所示分别为最大池化层和平均池化层。

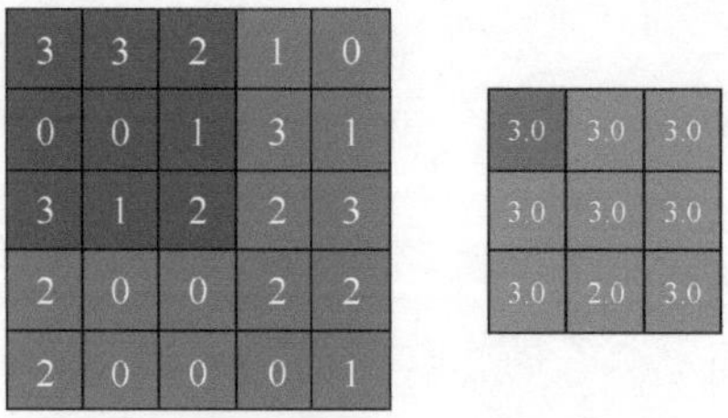

图 6.1.5 最大池化层

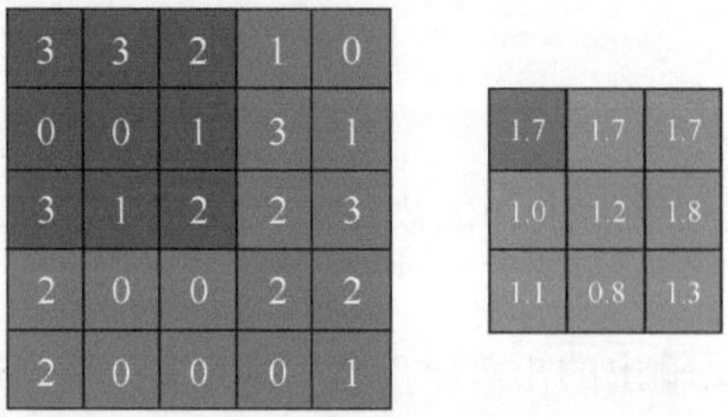

图 6.1.6 平均池化层

池化运算和卷积运算很相似，可以想象成池化也有一个卷积核，只是这个核没有了需要变化的数字，而只剩一个框，即图 6.1.5 和图 6.1.6 中的深蓝色框。若要得到池化后的输出数据，就需要对框中的输入数据取平均值或最大值。

6.2 量子卷积神经网络

本节首先介绍量子卷积神经网络（QCNN）的基本原理，然后介绍其线路设计和优化。

6.2.1 QCNN 的基本原理

QCNN 是一种基于量子计算原理的卷积神经网络模型。与经典的 CNN 不同，QCNN 利用了量子比特和量子逻辑门操作来进行图像的特征提取和分类。首先，与具有相同结构的 CNN 相比，QCNN 取得了指数级加速；其次，在连续层结构中，自由变量的数量由于量子纠缠而减少。因此，QCNN 消除了中间测量或部分操作的必要性，并在输入状态准备、卷积核存储和特征映射表示中充分利用了量子叠加，从而有效地减少了量子比特资源的消耗。受到这些发展的推动，QCNN 线路模型越来越受到研究人员的关注。QCNN 主要由以下 6 个部分组成：量子比特表示、量子逻辑门操作、量子卷积层、量子池化层、量子全连接层、量子测量。

量子比特表示：QCNN 使用量子比特（qubit）来表示输入数据和神经网络的编码，每个像素点可以使用一个或多个量子比特进行编码。

量子逻辑门操作：QCNN 利用量子逻辑门来实现特征提取和非线性变换，可以通过量子逻辑门的组合来达到控制线路的目的。常用的量子逻辑门包括 Hadamard 门、RX 门、RY 门、RZ 门、CNOT 门等。

量子卷积层：量子卷积层是 QCNN 的核心组件，用于提取图像的局部特征。一个量子卷积层由 2 量子比特酉运算 U_i 组成，其中 i 表示第 i 个卷积层。CNN 中卷积层的两个特征是局部连通性和参数共享。在量子卷积层中，对相邻的量子比特使用 2 量子比特酉运算，并且只具有局部效应，反映了局部连通性特征。此外，在一个量子卷积层中，所有使用的酉运算都具有相同的参数，反映了参数共享特征。由于图像信息是编码在量子态的概率振幅中，所以最重要的是使用具有表达性的酉运算，以实现对概率振幅的大范围转换。

量子池化层：量子池化层用于减小特征映射的尺寸，并保留重要的特征。与 CNN 中的池化层相似，量子池化层可以通过量子逻辑门操作对特征进行降采样。在量子池化层中，一部分量子比特被测量，它们的结果决定了是否在与它们相邻的量子比特上使用单量子比特逻辑门 V_i。通过量子测量和经典控制的逻辑门，量子池化层能够降低特征映射的维数，并引入非线性。为了得到更好的近似功率，量子逻辑门应该具有任意的控制状态，并可以应用任意的单量子比特变换。

量子全连接层：量子全连接层用于对提取的特征进行分类。它将特征映射通过量子逻辑门连接到输出层，进行最终的分类或回归预测。

量子测量：QCNN 通过对量子比特进行量子测量来得到预测结果。量子测量的结果可以是概率分布，也可以是具体的类别标签。

截至本书成稿之日，QCNN 仍处于研究阶段，在量子计算领域还存在许多挑战和限制，但对 QCNN 的研究在量子机器学习和量子图像处理等领域具有重要意义。

6.2.2 QCNN 的线路设计和优化

量子计算凭借强大的计算能力吸引了越来越多的关注。越来越多的公司和科研机构致力于开发出具有更多量子比特和更高保真度的量子芯片。量子计算的标准抽象模型假设任意量子比特之间都是连通的，但实际芯片的量子比特排布对量子比特的连通关系有极大的限制，并且量子态对外界噪声是脆弱和敏感的。为了能够得到更准确的执行结果，应当尽可能减小量子线路的深度，而对于非全连通的芯片结构，想要执行任意的芯片结构，必须要添加额外的量子逻辑门来对原量子程序进行调整，这必然会导致线路深度的增加。因此，在 QCNN 的线路设计过程中，为了确保 QCNN 的性能和效果，能减少量子程序所需的额外开销并减小线路深度的线路设计方案，以及量子线路优化方案极具现实意义。

从本质上看，量子线路就是量子逻辑门的执行序列，它是从左到右依次执行的。量子线路又称量子逻辑电路，是最常用的通用量子计算模型，表示在抽象概念下对量子比特进行操作的线路。量子线路由量子比特、线路（时间线），以及各种量子逻辑门组成，常需要通过量子测量将结果读取出来。

与用金属线连接以传递电压信号或电流信号的传统电路不同，量子线路是由时间连接的。也就是说，在量子线路中，量子比特的状态是按照哈密顿算符的指示，随着时间自然演化，直到遇上量子逻辑门而被改变。由于组成量子线路的每个量子逻辑门都是一个酉算符，所以整个量子线路也是一个大的酉算符。设计一个好的量子线路对 QCNN 的性能和效果有一定的影响。

除此以外，通过量子线路优化方案从软件层面设计一种线路优化算法来对原线路进行修改、调整的方式同样能对 QCNN 的性能与效果造成一定的影响。一般地，量子线路存在以下两个问题。

（1）量子程序中存在方向不符合给定连通关系的 CNOT 门。

（2）量子程序中存在不被给定连通关系允许的 CNOT 门。

对于第一个问题，通常通过添加 4 个额外的 Hadamard 门来反转 CNOT 门的控制方向；对于第二个问题，基本的解决思路是通过添加 iSWAP 门来交换量子比特的状态。

下面介绍一种用于图像分类的 QCNN 的量子线路设计。

首先，对经典数据进行量子态编码，线路如图 6.2.1 所示[16]。

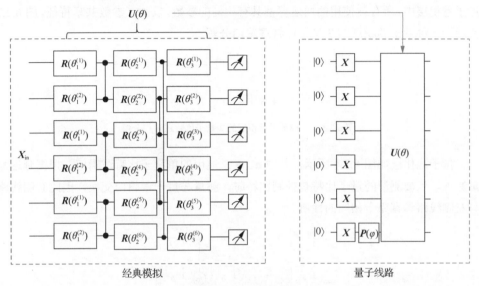

图 6.2.1 量子态编码线路

随后，与 CNN 相似，QCNN 模块由量子卷积层（Conv）、量子池化层（Pool）和量子全连接层（FC）组成，形成如图 6.2.2 所示的层次结构。

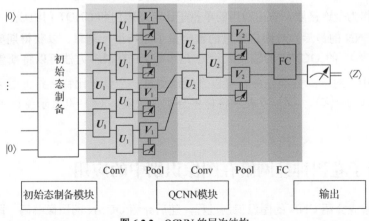

图 6.2.2 QCNN 的层次结构

QCNN 模块的输入是一个图像编码的量子态 $|x_{in}\rangle$。参数化的量子线路使用多种量子逻辑门逐层提取特征。在 QCNN 模块的最后，需要对特定的量子比特进行量子测量，以得到指示分类结果的期望值。

一个量子卷积层由 2 量子比特酉运算 U_i 组成，其中 i 表示第 i 个卷积层。CNN 中卷积层的两个特征是局部连通性和参数共享。在量子卷积层中，对相邻的量子比特使用 2 量子比特酉运算，并且只具有局部效应，反映了局部连通性特征。此外，在一个量子卷积层中，所有被使用的酉运算都具有相同的参数，反映了参数共享特征。图 6.2.3 所示为一种量子卷积层的 2 量子比特逻辑门分解。

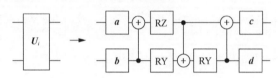

图 6.2.3 一种量子卷积层的 2 量子比特逻辑门分解

量子池化层如图 6.2.4 所示，其中 a、b 是通用的单量子比特逻辑门。根据延迟测量原理，当被测量的量子比特是控制比特时，测量与量子逻辑门交换，因此右侧线路与左侧线路具有完全相同的性质。

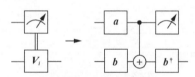

图 6.2.4 量子池化层

在应用几层量子卷积层和量子池化层后，量子比特数会减少。当系统规模相对较小时，对剩余的量子比特应用量子全连接层，对提取的特征进行分类。QCNN 采用强纠缠线路作为全连接层，它由通用的单量子比特逻辑门和 CNOT 门组成。

在 QCNN 的最后，对固定数量的输出量子比特进行测量，以获得期望值。形式上，输入为 x_{in} 的 QCNN 的输出表示为 $f(\theta, x_{in})$。有很多方法可以将期望值映射到分类结果中。对于二分类任务，可以方便地测量一个量子比特，并将期望值作为输出：$f(\theta, x_{in}) = \langle Z \rangle$。$\langle Z \rangle \geqslant 0$ 表示将样本分类为一类，$\langle Z \rangle \leqslant 0$ 表示将样本分类为另一类。

6.3 量子卷积神经网络在图像识别中的应用

本节首先介绍 CNN 的图像识别过程，随后介绍 QCNN 的图像编码、图像特征提取，最后介绍 QCNN 手写数字识别。

6.3.1 CNN 的图像识别过程

CNN 是一种前馈神经网络，它的人工神经元可以响应一部分覆盖范围内的周围单元，对于大型图像处理具有出色的表现。用 CNN 进行图像识别一般分为以下 5 个步骤。

1. 数据处理

首先收集并准备图像数据集，包括正样本和负样本，随后对数据进行预处理（如缩放、裁剪、归一化等），优化输入神经网络。

2. 模型构建

模型的构建分为 3 步：构建卷积层、构建池化层、构建全连接层。卷积层用于获取图像的特征信息，通过应用滤波器来检测图像中的边缘、纹理等特征；池化层用于减小中间层特征信息的尺寸，并保留其中最显著的特征；全连接层用于将池化层输出的特征信息映射到预定义的类别上，实现对图像类别的识别。

3. 模型训练

首先初始化模型的训练参数，随后利用标注好的图像数据集进行模型训练，通过优化算法来最小化模型的损失函数，使模型能够学习到图像的特征和类别之间的关联。通过不断的迭代，对模型参数进行不断调整，直到达到设置的预期结果后结束模型的训练。

4. 模型评估

使用准备好的测试数据集对训练好的模型进行评估，通过准确率、精确率、召回率等指标评估模型的性能和泛化能力。

5. 预测

使用训练好的模型来执行图像识别任务，将图像输入模型，得到最终的预测结果。

CNN 首先通过卷积层和池化层来获取图像中的某种特征信息，随后通过全连接层将这些特征信息进行映射，通过大量的训练，使得模型的能够学习到对应图像训练集中图像的类别分类的某种特定模式，最终实现对同类图像的识别任务。

6.3.2 QCNN 图像编码

量子数据编码是将经典数据转化为量子态必不可少的一步，因此，要使量子机器学习下的算法发挥其应有的加速效果，选择一个合适的编码方式是非常重要的。量子数据编码在最坏的情况下至少拥有指数级的复杂度，即需要指数级的并行操作。

量子图像编码方法可分为基态编码方法和振幅编码方法。其中，基态编码方法有新型数字图像增强量子表示[17]（Novel Enhanced Quantum Representation of Digital Images，NEQR）、广义量子图像表示[18]（Generalized Quantum Image Representation，GQIR）；振幅编码方法有灵活表示的量子图像[19]（Flexible Representation of Quantum Images，FRQI）、量子概率图像编码[20]（Quantum Probability Image Encoding，QPIE），以及 n 量子比特正常任意叠加态[21]（n-qubit Normal Arbitrary Superposition State，NASS）。其中，常用的有 NEQR、FRQI、NASS，这 3 种方法各有优劣。

NEQR 使用量子比特序列的基础状态来存储图像中每个像素的灰度值。由于量子比特序列的不同基态是正交的，所以可以区分出 NEQR 量子图像中的不同灰度。同时，NEQR 还可以方便地进行与图像中灰度的信息更相关的量子图像运算，如色彩运算、统计色彩运算等。图 6.3.1 所示为一个 4×4 的 NEQR 表示。

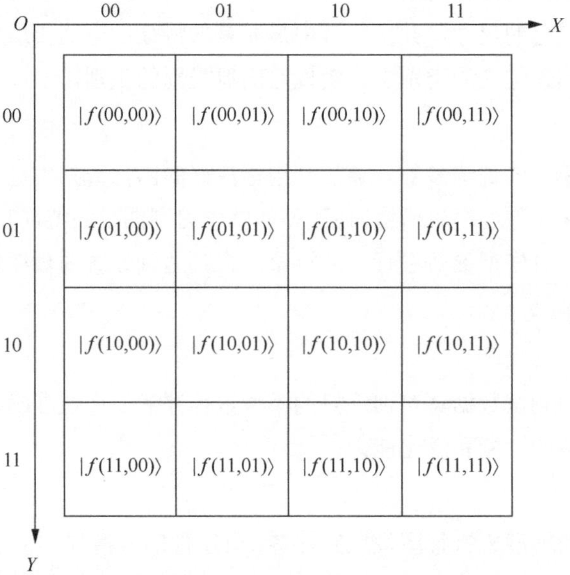

图 6.3.1 4×4 的 NEQR 表示

如果面对大小为 $2^n \times 2^n$ 的图像，NEQR 仅需要 $(q+2n)$ 量子比特就能构建灰度范围为 2^q 的量子图像编码模块。

FRQI 则使用归一化叠加来存储图像中的所有像素，可以对所有像素同时执行相同的操作，因此 FRQI 可以解决图像处理应用的实时计算问题。FRQI 对图像的编码公式为

$$\left| I(\theta) \right\rangle = \frac{1}{2^n} \sum_{i=0}^{2^{2n}-1} \left(\cos \theta_i \left| 0 \right\rangle + \sin \theta_i \left| 1 \right\rangle \right) \otimes \left| i \right\rangle$$

$$\theta_i \in \left[0, \frac{\pi}{2}\right], \quad i = 0, 1, \cdots, 2^{2n} - 1 \tag{6.3}$$

其中，对图像中颜色位置的编码方式有两种，如图 6.3.2 所示。

FRQI 为基于酉算符的量子图像处理过程提供了基础。FRQI 捕获图像的颜色及其在量子态中的相应位置。利用一个多项式数量的简单算符将量子计算机从初始状态转换为 FRQI 状态，实现了一个酉准备过程，并指出了利用 Hadamard 门和受控旋转门进行变换的量子线路的设计。

NASS 是基于 n 量子比特正态的任意叠加态来实现几何转换（双极点交换、对称翻转、局部翻转、正交旋转和平移）的方法。这些转换是利用由基本量子逻辑门（单量子比特逻辑门和 2 量子比特逻辑门）组成的量子线路来实现的。

θ_0	θ_1	θ_2	θ_3
0000	0001	0010	0011
θ_4	θ_5	θ_6	θ_7
0100	0101	0110	0111
θ_8	θ_9	θ_{10}	θ_{11}
1000	1001	1010	1011
θ_{12}	θ_{13}	θ_{14}	θ_{15}
1100	1101	1110	1111

θ_0	θ_1	θ_2	θ_3
0000	0001	0100	0101
θ_4	θ_5	θ_6	θ_7
0010	0011	0110	0111
θ_8	θ_9	θ_{10}	θ_{11}
1000	1001	1100	1101
θ_{12}	θ_{13}	θ_{14}	θ_{15}
1010	1011	1110	1111

图 6.3.2　对图像中颜色位置的编码方式

6.3.3　QCNN 图像特征提取

利用 QCNN 对图像进行特征提取，其操作与 CNN 相似。在 CNN 中，不仅可以依靠卷积层，还可以结合池化层、全连接层来对图像的特征信息进行提取。QCNN 中同样如此，除了可以依赖量子卷积操作外，还可以将量子卷积层与量子池化层、量子全连接层结合，增强对图像的特征信息提取能力。QCNN 的特征提取操作如图 6.3.3 所示。

可以注意到，QCNN 中的图像特征提取模块与 CNN 中的特征信息提取模块的区别在于中间量子线路的存在。在量子特征提取层中，可训练的 VQC 被用来替代卷积，所以在正向传播中，每一步操作都可以理解为两个部分：带数据编码的参数化酉变换和经典后处理，如图 6.3.4 所示。

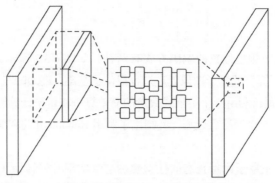

图 6.3.3 QCNN 的特征提取操作

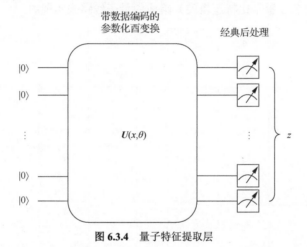

图 6.3.4 量子特征提取层

带数据编码的参数化酉变换包含了数据编码和参数化酉变换。其中，数据编码部分是把经典的输入数据编码到量子线路中，参数化酉变换是通过可调节的训练参数来使损失函数最小化。经典后处理则是通过测量从量子态中得到经典信息，并经过激活函数得到输出。

在经典的神经网络里，通常采用基于梯度下降的优化算法进行参数更新。这里面非常关键的工具就是反向传播算法。反向传播算法通过结合中间网络层的存储值和链式法则，允许来自代价函数的信息流通过网络向后流动，从而可以有效地计算梯度。然而，这种策略无法直接推广到量子特征提取层，因为量子线路中间值只能通过测量来获取，而这将导致量子态的坍缩。因此，需要将参数位移法则与链式法则结合，以实现对量子特征提取层参数的更新。

6.3.4 QCNN 手写数字识别

在模式识别的技术领域中，以特征提取为基础的方法遇到了极大的困难，这是因为特征的表示和提取都存在很大的盲目性，且效率很低。此外，以特征提取为基础的方法在识别手写数字时也遇到了较大的困难，主要原因有以下两点。

（1）数字笔画简单，字形相差不大，因此准确区分某些数字相当困难。

（2）同一个数字的写法千差万别，带有明显的区域特性，很难训练出兼容世界各地各种写法的识别率极高且通用的数字识别系统。

因此，研究高性能的手写数字识别算法是一项相当具有挑战性的任务。与 CNN 相比，QCNN 的隐藏层神经元借鉴了量子理论中的量子态叠加思想，激励函数被表示为多个激活函数的叠加，这样的方式能表示更多的状态和量级，从而使分类有更高的自由度。QCNN 手写数字识别的具体流程如图 6.3.5 所示。

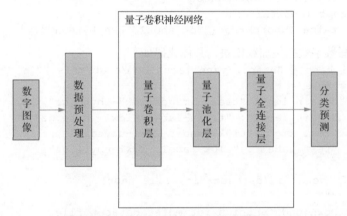

图 6.3.5 QCNN 手写数字识别的具体流程

用于手写数字分类的 QCNN 模型可以基于 VQNet 来实现。下面通过一个样例来介绍 QCNN 模型在手写数字识别任务中的应用（读者也可自行可以查看 VQNet 官方文档）。

（1）环境采用 Python 3.8，建议使用 conda 进行环境配置（conda 自带 numpy、scipy、matplotlib、sklearn 等工具包，使用方便）。如果采用 Python 进行环境配置，不仅需要安装相关的工具包，还需要准备 pyvqnet。具体代码如下。

```
1.  import os
2.  import os.path
3.  import struct
4.  import gzip
5.  import sys
6.  sys.path.insert(0, "../")
7.  from pyvqnet.nn.module import Module
8.  from pyvqnet.nn.loss import NLL_Loss
9.  from pyvqnet.optim.adam import Adam
10. from pyvqnet.data.data import data_generator
11. from pyvqnet.tensor import tensor
```

```
12. from pyvqnet.qnn.measure import expval
13. from pyvqnet.nn.linear import Linear
14. import numpy as np
15. from pyvqnet.qnn.qcnn import Quanvolution
16. import matplotlib.pyplot as plt
17. import matplotlib
18. try:
19.     matplotlib.use("TkAgg")
20. except:   #pylint:disable=bare-except
21.     print("Can not use matplot TkAgg")
22.     pass
23. try:
24.     import urllib.request
25. except ImportError:
26.     raise ImportError("You should use Python 3.x")
```

（2）手写数字数据集加载模块，具体代码如下。

```
1.  url_base = "http://yann.lecun.com/exdb/mnist/"
2.  key_file = {
3.      "train_img": "train-images-idx3-ubyte.gz",
4.      "train_label": "train-labels-idx1-ubyte.gz",
5.      "test_img": "t10k-images-idx3-ubyte.gz",
6.      "test_label": "t10k-labels-idx1-ubyte.gz"
7.  }
8.  def _download(dataset_dir, file_name):
9.      """
10.     Download function for mnist dataset file
11.     """
12.     file_path = dataset_dir + "/" + file_name
13.     if os.path.exists(file_path):
14.         with gzip.GzipFile(file_path) as file:
15.             file_path_ungz = file_path[:-3].replace("\\", "/")
16.             if not os.path.exists(file_path_ungz):
17.                 open(file_path_ungz, "wb").write(file.read())
18.         return
19.     print("Downloading " + file_name + " ... ")
20.     urllib.request.urlretrieve(url_base + file_name, file_path)
21.     if os.path.exists(file_path):
22.         with gzip.GzipFile(file_path) as file:
23.             file_path_ungz = file_path[:-3].replace("\\", "/")
24.             file_path_ungz = file_path_ungz.replace("-idx", ".idx")
25.             if not os.path.exists(file_path_ungz):
26.                 open(file_path_ungz, "wb").write(file.read())
27.     print("Done")
28. def download_mnist(dataset_dir):
29.     for v in key_file.values():
30.         _download(dataset_dir, v)
```

```
31.  if not os.path.exists("./result"):
32.      os.makedirs("./result")
33.  else:
34.      pass
35.  def load_mnist(dataset="training_data", digits=np.arange(10),
path="./"):
36.      """
37.      load mnist data
38.      """
39.      from array import array as pyarray
40.      download_mnist(path)
41.      if dataset == "training_data":
42.          fname_image = os.path.join(path, "train-images.idx3-
ubyte").
43.              replace("\\", "/")
44.          fname_label = os.path.join(path, "train-labels.idx1-
ubyte").
45.              replace("\\", "/")
46.      elif dataset == "testing_data":
47.          fname_image = os.path.join(path, "t10k-images.idx3-
ubyte").
48.              replace( "\\", "/")
49.          fname_label = os.path.join(path, "t10k-labels.idx1-
ubyte").
50.              replace( "\\", "/")
51.      else:
52.          raise ValueError("dataset must be 'training_data' or
'testing_data'")
53.      flbl = open(fname_label, "rb")
54.      _, size = struct.unpack(">II", flbl.read(8))
55.      lbl = pyarray("b", flbl.read())
56.      flbl.close()
57.      fimg = open(fname_image, "rb")
58.      _, size, rows, cols = struct.unpack(">IIII", fimg.read(16))
59.      img = pyarray("B", fimg.read())
60.      fimg.close()
61.      ind = [k for k in range(size) if lbl[k] in digits]
62.      num = len(ind)
63.      images = np.zeros((num, rows, cols))
64.      labels = np.zeros((num, 1), dtype=int)
65.      for i in range(len(ind)):
66.          images[i] = np.array(img[ind[i] * rows * cols:(ind[i] + 1) *
rows * cols]).reshape((rows, cols))
67.          labels[i] = lbl[ind[i]]
68.      return images, labels
```

（3）QCNN 模型及运行函数定义，具体代码如下。

```
1.  class QModel(Module):
2.      def __init__(self):
3.          super().__init__()
4.          self.vq = Quanvolution([4, 2], (2, 2))
5.          self.fc = Linear(4 * 14 * 14, 10)
6.      def forward(self, x):
7.          x = self.vq(x)
8.          x = tensor.flatten(x, 1)
9.          x = self.fc(x)
10.         x = tensor.log_softmax(x)
11.         return x
12. def run_quanvolution():
13.     digit = 10
14.     x_train, y_train = load_mnist("training_data", digits=
np.arange(digit))
15.     x_train = x_train / 255
16.     y_train = y_train.flatten()
17.     x_test, y_test = load_mnist("testing_data", digits=np.arange
(digit))
18.     x_test = x_test / 255
19.     y_test = y_test.flatten()
20.     x_train = x_train[:500]
21.     y_train = y_train[:500]
22.     x_test = x_test[:100]
23.     y_test = y_test[:100]
24.     print("model start")
25.     model = QModel()
26.     optimizer = Adam(model.parameters(), lr=5e-3)
27.     model.train()
28.     result_file = open("quanvolution.txt", "w")
29.     cceloss = NLL_Loss()
30.     N_EPOCH = 15
31.     for epoch in range(1, N_EPOCH):
32.         model.train()
33.         full_loss = 0
34.         n_loss = 0
35.         n_eval = 0
36.         batch_size = 10
37.         correct = 0
38.         for x, y in data_generator(x_train,
39.                                    y_train,
40.                                    batch_size=batch_size,
41.                                    shuffle=True):
42.             optimizer.zero_grad()
43.             try:
44.                 x = x.reshape(batch_size, 1, 28, 28)
45.             except:  #pylint:disable=bare-except
```

```
46.                 x = x.reshape(-1, 1, 28, 28)
47.             output = model(x)
48.             loss = cceloss(y, output)
49.             print(f"loss {loss}")
50.             loss.backward()
51.             optimizer._step()
52.             full_loss += loss.item()
53.             n_loss += batch_size
54.             np_output = np.array(output.data, copy=False)
55.             mask = np_output.argmax(1) == y
56.             correct += sum(mask)
57.             print(f"correct {correct}")
58.         print(f"Train Accuracy: {correct/n_loss}%")
59.         print(f"Epoch: {epoch}, Loss: {full_loss / n_loss}")
60.         result_file.write(f"{epoch}\t{full_loss / n_loss}\
t{correct/n_loss}\t")
61.         # Evaluation
62.         model.eval()
63.         print("eval")
64.         correct = 0
65.         full_loss = 0
66.         n_loss = 0
67.         n_eval = 0
68.         batch_size = 1
69.         for x, y in data_generator(x_test,
70.                                    y_test,
71.                                    batch_size=batch_size,
72.                                    shuffle=True):
73.             x = x.reshape(-1, 1, 28, 28)
74.             output = model(x)
75.             loss = cceloss(y, output)
76.             full_loss += loss.item()
77.             np_output = np.array(output.data, copy=False)
78.             mask = np_output.argmax(1) == y
79.             correct += sum(mask)
80.             n_eval += 1
81.             n_loss += 1
82.         print(f"Eval Accuracy: {correct/n_eval}")
83.         result_file.write(f"{full_loss / n_loss}\t{correct/
n_eval}\n")
84.     result_file.close()
85.     del model
86.     print("\ndone\n")
87. if __name__ == "__main__":
88.     run_quanvolution()
```

（4）运行上述代码后，输出的结果如下。

```
1.  # epoch train_loss    train_accuracy eval_loss   eval_accuracy
```

2.	# 1	0.2488900272846222	0.232	1.7297331787645818	0.39
3.	# 2	0.12281704187393189	0.646	1.201728610806167	0.61
4.	# 3	0.08001763761043548	0.772	0.8947569639235735	0.73
5.	# 4	0.06211201059818268	0.83	0.777864265316166	0.74
6.	# 5	0.052190632969141004	0.858	0.7291000287979841	0.76
7.	# 6	0.04542196464538574	0.87	0.6764470228599384	0.8
8.	# 7	0.040294724227070141	0.896	0.6153804161818698	0.79
9.	# 8	0.03600500610470772	0.902	0.5644993982824963	0.81
10.	# 9	0.03230033944547176	0.916	0.528938240573043	0.81
11.	# 10	0.02912954458594322	0.93	0.5058713140769396	0.83
12.	# 11	0.026443827204406262	0.936	0.49064547760412097	0.83
13.	# 12	0.024144304402172564	0.942	0.4800815625616815	0.82
14.	# 13	0.022141477409750223	0.952	0.4724775951183983	0.83
15.	# 14	0.020372112181037665	0.956	0.46692863543197743	0.83

量子卷积层中的可训练参数依旧采用参数位移法进行更新，其他模块与 CNN 中的设计相似。基于 QCNN 的手写数字识别能使训练后的模型表示手写数字图像中更多的特征信息，对分类任务效果的提升非常明显。如何在手写数字识别任务中设计一个更有效的基于 QCNN 的模型，是未来值得继续深入研究的方向。

6.4 小结

本章对 CNN 及 QCNN 的基本原理进行了阐述，具体介绍了 CNN 中卷积层、池化层、全连接层，以及 QCNN 中的量子卷积层、量子池化层、量子全连接层、量子测量等基本构成组件。此外，本章还对 CNN 及 QCNN 在图像识别中的应用进行了简单介绍。

QCNN 利用量子力学的量子态叠加和量子态纠缠特性，解决了 CNN 对内存和时间要求高的问题，在图像识别领域中具有良好的应用前景。如何将 QCNN 应用于更复杂的场景是未来的研究重点。相信随着大规模的量子设备的出现，量子比特数的有限性将会得到合理的解决，从而可以最大限度地提取原始图像的特征信息，达到优化模型的学习能力和适应能力的效果。

第7章　循环神经网络

循环神经网络（RNN）是一种常用来处理序列数据的经典神经网络结构。QRNN则是一种结合了量子计算和 RNN 的神经网络结构。QRNN 的特点是使用量子比特和量子逻辑门来实现 RNN 的计算过程，可进行量子并行计算，提高了处理序列数据的效率和能力。本章主要介绍 RNN、长短时记忆（LSTM）网络、QRNN、量子长短时记忆（QLSTM）网络，以及这些网络的具体应用场景。

7.1　经典循环神经网络

RNN 是一种深度学习模型，专门用来处理序列数据和具有时间依赖性的数据。本节主要介绍传统神经网络的局限性、RNN 的基本原理和应用领域，以及梯度消失和梯度爆炸问题。

7.1.1　传统神经网络的局限性

传统神经网络在处理序列数据任务时，尤其在考虑上下文信息时存在缺乏上下文建模能力。传统神经网络模型将输入和输出之间视为相互独立的，这意味着模型无法直接捕捉文本数据中词语之间的上下文依赖关系。考虑以下示例句子："今天天气真好，阳光明媚。"传统神经网络无法理解"阳光明媚"的意义与前一句"今天天气真好"有关，所以无法推断出它是积极的表达。这种独立性假设限制了传统神经网络对上下文信息的建模能力。在 NLP 任务中，理解句子的语义通常需要考虑上下文信息，如上述例子中阳光和天气的关系。缺乏上下文建模能力可能导致传统神经网络无法准确理解和表达文本数据的含义。

7.1.2　RNN 的基本原理

RNN[22]是一类常用于处理序列数据的神经网络模型。与传统的前馈神经网络不同，RNN 在网络中引入了循环连接，它可以利用序列数据的历史信息来更好地处理当前的输入。RNN 的网络结构如图 7.1.1 所示，每个时间步有两个输入：一个输入为上一个时间步的信息，另一个输入为当前时间步的信息。

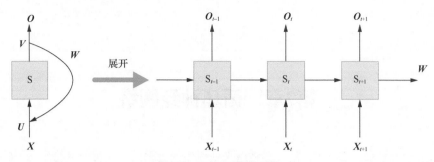

图 7.1.1 RNN 的网络结构

RNN 最早是在 1986 年由 Rumelhart 和 McClelland 提出的，当时被称为"Elman 网络"，后来又被称为"Jordan 网络"。在这种结构中，网络的每个时间步都有一个隐藏状态，它接收来自上一个时间步的隐藏状态和当前时间步的输入，输出结果也会影响下一个时间步的隐藏状态。通过这种方式，RNN 能够自然地处理变长的序列输入，并且对于任何给定的时间步，RNN 都可以利用之前所有时间步的信息来生成相应的输出，从而建立起序列之间的关联。

在标准的 RNN 中，一个神经网络单元的输入由当前时刻的输入和前一时刻的状态组成。假设当前时刻的输入是 x_t，前一时刻的状态是 h_{t-1}，则神经网络单元的输入如式（7.1）所示。

$$\begin{aligned}
h_t &= f(Ux_t + Wh_{t-1} + b) \\
&= f(Ux_t + Wf(Ux_{t-1}) \\
&\quad + Wf(Ux_{t-2} + \cdots + Wf(Ux_1 + Wh_0 + b)\cdots) + b)
\end{aligned} \tag{7.1}$$

其中，b 是偏置向量，h_t 是当前时刻的状态，U 是输入的权重矩阵，W 是状态的权重矩阵，h_0 是初始状态，f 是激活函数（通常选用 tanh）。

7.1.3 RNN 的应用领域

RNN 在 NLP[23]、语音识别[24]和图像处理[25]等领域中得到广泛应用，展示出强大的建模能力和适应性。

在 NLP 领域中，RNN 在文本分类、情感分析和机器翻译等任务中发挥了重要作用。RNN 可以有效地处理变长文本序列，并捕捉词语之间的上下文依赖关系。RNN 的循环连接使得模型能够记忆先前的信息，并将其应用于当前的推理过程。这种能力使得 RNN 在处理自然语言任务中能够更好地理解和生成连贯的句子。

在语音识别领域中，RNN 被广泛应用于语音识别网络。特别是在序列建模任务（如连续语音识别）中，RNN 能够有效地处理变长的音频序列。将音频信号分解为时间步，并将其输入 RNN，可以对音频序列进行建模，从而实现准确的语音识别。

在图像处理领域，RNN 可以应用于图像标注、图像分类和图像生成等任务。例如，在图像标注任务中，可以将图像的每个部分（如物体或区域）视为一个序列，并在序列上运行 RNN。通过将图像的每个部分与其上下文信息连接，RNN 能够生成描述性的标注。这种方法可以用于生成图像描述、辅助图像搜索和图像理解等应用。

7.1.4 RNN 的梯度消失与梯度爆炸问题

RNN 存在梯度消失和梯度爆炸的问题，这会导致长期依赖关系难以捕捉，从而限制其在实际应用中的效果。在 RNN 中，梯度消失和梯度爆炸问题可以通过观察梯度的乘积来理解。当执行反向传播算法时，需要计算损失函数对网络参数的梯度。

损失函数关于式（7.1）的权重参数 W 和 U 的梯度可以使用链式法则来计算。假设损失函数为 $\mathcal{L}$，可以计算关于 W 的梯度如式（7.2）所示。

$$\frac{\partial \mathcal{L}}{\partial W} = \sum_{t=1}^{T} \frac{\partial \mathcal{L}}{\partial h_t} \frac{\partial h_t}{\partial W} \tag{7.2}$$

其中，$\frac{\partial \mathcal{L}}{\partial h_t}$ 表示损失函数关于隐藏状态 h_t 的梯度。

展开式（7.2），可得式（7.3）：

$$\frac{\partial \mathcal{L}}{\partial W} = \sum_{t=1}^{T} \frac{\partial \mathcal{L}}{\partial h_t} \frac{\partial h_t}{\partial h_{t-1}} \frac{\partial h_{t-1}}{\partial W} \tag{7.3}$$

其中，$\frac{\partial h_t}{\partial h_{t-1}}$ 表示 h_t 关于 h_{t-1} 的导数。

通过不断展开式（7.2），可以观察到梯度的乘积项 $\frac{\partial h_t}{\partial h_{t-1}}$ 的存在。这是因为 RNN 中的循环连接使得梯度在时间上进行了多次乘积运算。

当梯度小于 1 时，经过多个时间步的乘积会趋近 0，导致梯度消失。当梯度大于 1 时，乘积会呈指数级增长，导致梯度爆炸。

通过观察梯度的乘积项，可以更好地理解梯度消失和梯度爆炸问题在 RNN 中的产生机制。对于梯度消失问题，乘积项趋近 0，梯度无法有效地向前传播，这导致网络难以学习长期依赖关系。对于梯度爆炸问题，乘积项的指数级增长会导致参数更新过大，训练不稳定。

7.2 长短时记忆网络

为了解决 RNN 的梯度消失和梯度爆炸问题，一种新型的 RNN 结构——长短时记忆（LSTM）网络[26]被提出。本节主要介绍 LSTM 网络的基本原理和应用领域。

7.2.1　LSTM 网络的基本原理

LSTM 网络是 RNN 的一种变体，其核心思想是引入一个记忆单元来有效地处理长序列输入，并通过门控机制来控制信息的读入和输出。与 RNN 不同，LSTM 网络使用了 3 个门来控制当前状态的更新和输出，从而实现对长序列依赖关系的学习。这 3 个门分别是输入门（Forget Gate）、遗忘门（Input Gate）和输出门（Output Gate）。LSTM 网络的结构如图 7.2.1 所示。

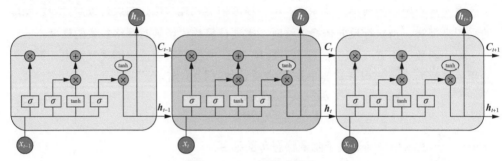

图 7.2.1　LSTM 网络的结构

具体而言，LSTM 网络的单元状态包含一个单元状态 c_t 和一个隐藏状态 h_t。单元状态 c_t 是整个 LSTM 网络的核心，同时也是输入门和遗忘门的输入和输出。

1. 遗忘门

遗忘门用来表示单元状态中哪些部分需要被保留下来。具体地，将前一时刻的隐藏状态信息和当前输入的信息经过激活，输出是一个 0 到 1 之间的值，越靠近 0 的信息越容易被遗忘，越接近 1 的信息越应该保留。具体的计算如式（7.4）所示。

$$f_t = \sigma\left(W_f \cdot \left[h_{t-1}, x_t\right] + b_f\right) \tag{7.4}$$

其中，W_f 和 b_f 是遗忘门的权重矩阵和偏置。

2. 输入门

输入门用于决定当前时刻的输入 x_t 有多少信息被保存到单元状态 C_t。具体地，首先，根据当前的输入 x_t 和前一时刻的隐藏状态 h_{t-1} 计算得到一个值 $i_t \in [0,1]$。同样地，越接近 0 表示信息越不重要，越接近 1 表示信息越重要。其次，将前一时刻的隐藏状态 h_{t-1} 和当前时刻的输入 x_t 传递到 tanh 函数中，得到一个新的候选单元状态 $\tilde{C}_t$。接着，将 i_t 和 $\tilde{C}_t$ 相乘，i_t 将决定 $\tilde{C}_t$ 中哪些信息是重要且需要被保留下来的。最后，计算当前时刻的单元状态 C_t：首先将前一时刻的单元状态 $\tilde{C}_{t-1}$ 与遗忘向量 f_t 逐点相乘，然后将其输出与 i_t 和 $\tilde{C}_t$ 相乘的结果逐点相加，将当前时刻的输入 x_t 更新到单元状态 C_t 中。具体的计算过程如式（7.5）～式（7.7）所示。

$$i_t = \sigma\left(W_i\left(h_{t-1}, x_t\right) + b_i\right) \tag{7.5}$$

$$\tilde{C}_t = \tanh\left(W_C\left[h_{t-1}, x_t\right] + b_C\right) \tag{7.6}$$

$$C_t = f_t^* C_{t-1} + i_t^* \tilde{C}_t \tag{7.7}$$

其中，W_i 和 b_i 是输入门的权重矩阵和偏置，$[h_{t-1}, x_t]$ 是前一时刻的隐藏状态 h_{t-1} 和当前时刻的输入 x_t，σ 是 Sigmoid 函数，tanh 是 tanh 激活函数。

3. 输出门

输出门控制当前单元状态 C_t 有多少信息可作为下一个隐藏状态的值。首先，将前一时刻的隐藏状态 h_{t-1} 和当前时刻的输入 x_t 进行激活，然后通过 tanh 函数将当前时刻的单元状态 C_t 激活，最后将二者相乘，以确定隐藏状态应携带的信息。最后，将隐藏状态作为当前单元的输出，把新的单元状态和新的隐藏状态传递到下一个时间步中。具体地，输出门的计算过程如式（7.8）和式（7.9）所示。

$$o_t = \sigma\left(W_o \cdot \left[h_{t-1}, x_t\right] + b_o\right) \tag{7.8}$$

$$h_t = o_t^* \tanh\left(C_t\right) \tag{7.9}$$

其中，W_o 和 b_o 是输出门的权重矩阵和偏置。

7.2.2 LSTM 网络的应用领域

LSTM 网络在许多领域中得到了广泛的应用。LSTM 网络强大的序列建模能力和对长期依赖关系的处理使其在以下领域中表现出色。

1. NLP

LSTM 网络能够在 NLP 任务中发挥重要作用，如文本分类、情感分析、机器翻译、命名实体识别等。通过有效地建模词语之间的上下文信息和长期依赖关系，LSTM 网络能够更好地理解和生成自然语言。

2. 语音识别

LSTM 网络在语音识别中得到了广泛应用。由于 LSTM 网络能够处理可变长度的序列数据并捕捉上下文信息，它被用于连续语音识别、语音生成和语音合成等任务，以实现更准确和流畅的语音处理。

3. 机器翻译

LSTM 网络在机器翻译领域中具有重要地位。通过建模源语言和目标语言之间的上下文和语义信息，LSTM 网络能够捕捉句子之间的依赖关系，实现高质量的机器翻译结果。

4. 图像描述

LSTM 网络在图像处理应用中的重要性很高。通过将图像的每个部分视为序列，并在序列上运行 LSTM 网络，可以实现图像标注和图像生成。LSTM 网络能够生成描述性的标注，并结合图像内容进行自然语言描述。

5．时间序列预测

LSTM 网络在时间序列分析和预测中表现出色。它可以通过捕捉时间序列数据的长期依赖关系，进行准确的预测和建模，如股票价格预测、天气预测等。

6．对话系统

LSTM 网络被广泛应用于对话系统中，如虚拟助手和聊天机器人。通过建模对话的上下文和语义信息，LSTM 网络能够生成自然流畅的回复，并实现更智能化的对话体验。

除上述应用领域外，LSTM 网络还被用于音乐生成、视频分析、手写识别、动作识别和生物信息学等领域。LSTM 网络强大的序列建模能力和对长期依赖关系的处理能力使其成为处理序列数据的有力工具，在多个领域中取得了令人瞩目的成果。

7.3　量子循环神经网络

受到量子计算新兴领域的推动，Bausch 等人提出了量子循环神经网络（QRNN），它融合了量子计算和 RNN 思想。本节主要介绍 QRNN 的基本原理、量子线路设计及应用领域。

7.3.1　QRNN 的基本原理

任何量子系统的相互作用都可以用厄米算符 H 来描述，它在酉映射 $U(t) = \exp(t_i H)$ 下生成系统的时间演化，作为薛定谔方程的解。因此，量子力学的公理规定：对于一组参数 t_i，任何包含 $U_i(t_i)$ 形式的单个酉量子逻辑门序列的量子线路本质上是酉的。这意味着参数化量子线路是酉循环网络的主要候选者。

这种参数化量子线路已经进入了量子机器学习的其他领域。一个突出的例子是 VQC[27]。一方面，从交替的参数化单量子比特逻辑门和纠缠门的意义上说，典型的 VQC 是非常密集的，如受控非运算就具有将大量参数压缩到相对紧凑的线路中的优点。另一方面，虽然大家都知道这样的线路形成了一个通用的家族，但它们高密度的纠缠门和参数之间缺乏联系，这导致目前很难对大于几位的输入进行分类。

QRNN 单元[28]是由一个高度结构化的参数化量子线路组成，其构建方式决定了几乎没有参数会被反复利用，并且每个参数都控制着一个比 VQC 的组件复杂得多的逻辑单元。该单元主要由文献[29]提出的一种新型的量子神经元的扩展建立起来，它根据应用于其二进制输入多项式的非线性激活函数来旋转其目标通道，如图 7.3.1 和图 7.3.2 所示。

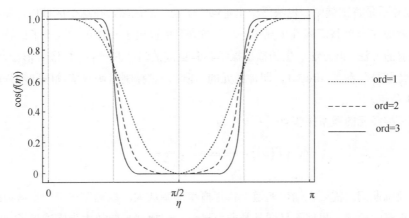

图 7.3.1 量子神经元的概率振幅 $\cos\big(f(\eta)\big)$，显示的是一阶到三阶激活（ord=1,2,3）

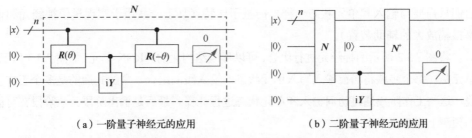

（a）一阶量子神经元的应用   （b）二阶量子神经元的应用

图 7.3.2 一阶量子神经元及二阶量子神经元的应用

    量子力学中也存在非线性行为，如单量子比特逻辑门 $\boldsymbol{R}(\theta) := \exp(\mathrm{i}\boldsymbol{Y}\theta)$。其中，$\boldsymbol{Y}$ 表示泡利矩阵。$\boldsymbol{R}(\theta)$ 的表达式为

$$\boldsymbol{R}(\theta) = \exp\left(\mathrm{i}\theta\begin{bmatrix}0 & -\mathrm{i}\\ \mathrm{i} & 0\end{bmatrix}\right) = \begin{bmatrix}\cos\theta & \sin\theta\\ -\sin\theta & \cos\theta\end{bmatrix} \tag{7.10}$$

    式（7.10）表示单量子比特的计算基所张成的二维空间内的旋转。虽然旋转矩阵本身显然是一个线性算符，但可以注意到状态 $\cos\theta$ 和 $\sin\theta$ 的概率振幅非线性地依赖角度 θ。如果将旋转提高到一个可控的操作 $\mathbf{cR}(i,\theta_i)$，条件是状态 $|x\rangle$ 为 $x \in \{0,1\}^n$ 的第 i 个量子比特，可以推导出如式（7.11）所示的映射关系。

$$\boldsymbol{R}(\theta_0)\mathbf{cR}(\theta_1)\cdots\mathbf{cR}(\theta_n)|x\rangle|0\rangle = |x\rangle\big(\cos\eta|0\rangle + \sin\eta|1\rangle\big) \tag{7.11}$$

其中，$\eta = \theta_0 + \sum_{i=1}^{n}\theta_i x_i$。

    这对应基向量 $|x\rangle$ 的仿射变换旋转 $x = (x_1,\cdots,x_n) \in \{0,1\}^n$。通过参数 $\theta = (\theta_0,\theta_1,\cdots,\theta_n)$，该操作被线性地扩展到基态和目标态的叠加。由于 $R(\theta)$ 的形式，所有新引入的概率振幅变化都是实值的，通过控制操作对概率振幅的余弦变换已经是非线性的。然而，

sin 函数并不是特别陡峭，也缺乏一个足够"平坦"的区域，在这个区域内，激活保持恒定，就像在一个整流线性单元中一样。文献[29]提出了一种在一组量子比特上实现线性映射的方法，该方法产生的概率振幅具有更陡的斜率和平台，很像 S 形激活函数。激活的特征是阶参量 ord≥1，即神经元的"阶"，它控制着函数依赖的陡峭程度，如图 7.3.1 所示。

量子神经元的概率振幅 $\cos\left(f(\eta)\right)$ 为

$$\cos\left(f(\eta)\right) = \frac{1}{\sqrt{1+\tan(\eta)^{2\times 2^{ord}}}} \tag{7.12}$$

在训练期间，需要在输出通道上执行概率振幅放大，以确保在每一步从训练数据中测量正确的标记。虽然测量通常是非酉操作，但概率振幅放大步骤确保了训练期间的测量接近所希望的酉。与传统的 VQC 相比，这样操作所得到的线路相对较深，但它们只需要与输入和单元状态一样多的量子比特（加上一些用于实现量子神经元和概率振幅放大的辅助装置）。

将图 7.3.2 所示的神经元进行组合，可以形成结构化的 QRNN 单元，如图 7.3.3 所示。单元是在每个步骤将当前输入写入单元状态的输入级的组合。紧随其后的是多个工作阶段，这些工作阶段通过访问输入和单元状态进行计算。最后是输出阶段，该阶段在可能的预测上创建概率密度。

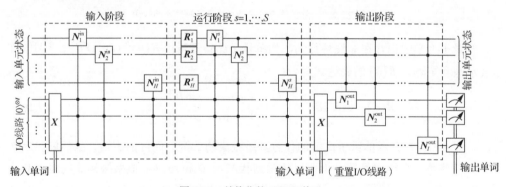

图 7.3.3 结构化的 QRNN 单元

每个受控量子神经元 cN_j^i 的实现如图 7.3.3 所示。它们带有自己的参数 θ_j^i，从旋转输入中绘制控制通道。为清晰起见，图 7.3.3 中省略了辅助装置。R_j^i 是具有单独参数集 ϕ_j^i 的额外旋转逻辑门。

QRNN 的网络结构如图 7.3.4 所示。主要的操作是将 QRNN 单元迭代地应用于输入序列，得到与 RNN 非常相似的循环模型。

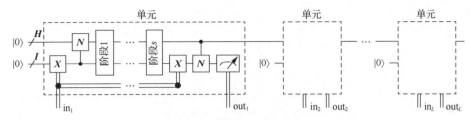

图 7.3.4 QRNN 的网络结构

QRNN 将图 7.3.3 中相同 QRNN 单元迭代地应用于 $\mathrm{in}_1, \cdots, \mathrm{in}_L$ 中的输入字序列。整个过程中使用的所有输入和辅助量子比特都可以重复使用。因此，需要 $H+I+\mathrm{ord}$ 个量子比特[其中，H 是单元状态工作空间的大小，I 是输入 token 的宽度（以 bit 为单位）]，以及量子神经元激活的顺序。其中，QRNN 中一个单元状态可以简化为如图 7.3.5 所示的架构。

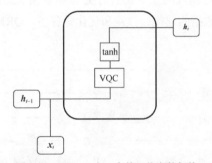

图 7.3.5 QRNN 中一个单元状态的架构

QRNN 中一个单元状态的计算如式（7.13）和式（7.14）所示。

$$h_t = \tanh\big(\mathrm{VQC}(v_t)\big) \tag{7.13}$$

$$y_t = \mathrm{NN}(h_t) \tag{7.14}$$

其中，输入 v_t 是前一时间步的隐藏状态 h_{t-1} 与当前输入向量 x_t 的串联；NN 是全连接层神经网络。

7.3.2 QRNN 的量子线路设计

VQC 是一种量子线路，具有可进行迭代优化的可调参数，图 7.3.6 所示为 VQC 的通用架构。其中，$U(x)$ 用于状态准备，它将经典数据 x 编码为线路的量子态，并且不受优化；$V(\theta)$ 表示具有可学习参数 θ 的变分部分，它将通过梯度法进行优化。最后，测量量子比特的子集（或全部），以检索像 0100 这样的（经典）位串。

这类线路对量子噪声具有鲁棒性，因此适用于 NISQ 设备。此外，有人指出，VQC 比经典神经网络更具表现力，因此可能比后者更好。

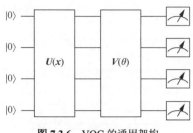

图 7.3.6 VQC 的通用架构

QRNN 将经典输入和量子输入交织在一起，利用量子逻辑门和测量操作进行计算，从而在深度学习中引入了量子计算的优势。量子线路展示了 QRNN 的结构和计算流程，能够将经典节点、量子节点，以及它们之间的连接关系以可视化的方式表示出来。经典节点负责处理经典输入和生成控制信号，量子节点则包含量子逻辑门操作和测量操作，用于对输入的量子态进行处理和变换。通过这些节点之间的交互，QRNN 能够执行对量子数据的建模、预测和优化等任务。QRNN 的量子线路如图 7.3.7 所示。

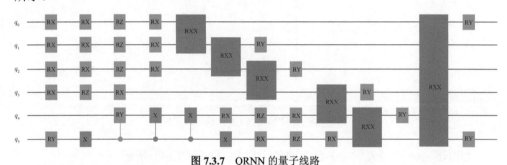

图 7.3.7 QRNN 的量子线路

7.3.3 QRNN 的应用领域

QRNN 是一种基于量子计算的深度学习模型，主要应用于序列数据的建模和分析。QRNN 先将序列数据转换为量子态，再使用量子算法进行处理，可以捕捉到序列数据中的长期依赖关系。与 RNN 相比，QRNN 在处理长序列数据时具有更高的效率和准确率。由于量子计算的特性，QRNN 在某些应用领域可能比 RNN 具有更大的优势，并且已经在多个领域展现出了巨大的潜力。

1. NLP

QRNN 在 NLP 领域有着广泛应用，如语音识别、自然语言理解和生成等任务。它能够处理序列数据，例如将语音转换为文本、实现语义分析和问答系统等，从而提高 NLP 任务的效率和准确率。

2．图像处理

QRNN 可以应用于图像处理任务，如图像分类、图像生成和特征提取等。通过将图像的像素值序列作为输入，QRNN 能够捕捉到图像中的空间和上下文关系，从而提高图像处理任务的性能。

3．生物信息学

在生物信息学领域，QRNN 可应用于基因组分析、蛋白质结构预测等任务。通过处理 DNA 或蛋白质序列数据，QRNN 能够提取关键特征，并进行分类、结构预测等，有助于理解生物系统和加速生物信息学研究。

4．金融领域

在金融领域中，QRNN 可应用于股票预测、风险控制等方面。通过处理金融时间序列数据，QRNN 能够捕捉到市场的长期依赖关系，并提供预测和风险管理的支持。

5．量子机器学习

QRNN 在量子机器学习中具有重要作用，包括量子态分类、量子数据生成和优化问题求解等。通过结合量子计算和深度学习，QRNN 能够处理和学习量子数据，从而为量子机器学习任务提供新的解决方案。

7.4　量子长短时记忆网络

量子长短时记忆（QLSTM）网络是一种融合了量子计算和 LSTM 思想的神经网络。本节主要介绍 QLSTM 网络的基本原理、量子线路设计及应用领域。

7.4.1　QLSTM 网络的基本原理

凭借量子计算的并行性，基于量子-经典混合架构的 QLSTM 网络[30]能够解决大规模数据集上的时空序列预测问题。QLSTM 网络使用 VQC 替代了 LSTM 网络中计算复杂度高的部分，实现了网络计算的部分加速，并且充分利用 VQC 并行处理数据的特点，提高了特征提取和数据处理的效率。可见，采用基于量子-经典混合架构的 QLSTM 网络，可以降低计算的复杂度，加快计算速度。

将 LSTM 网络扩展到量子领域，用 VQC 取代 LSTM 网络中的经典神经网络，能够发挥特征提取和数据压缩的作用。为了构建 QLSTM 网络的基本单元（称为 QLSTM 单元），本章将 VQC 块堆叠在一起，如图 7.4.1 所示。一个 QLSTM 单元中有 6 个 VQC。

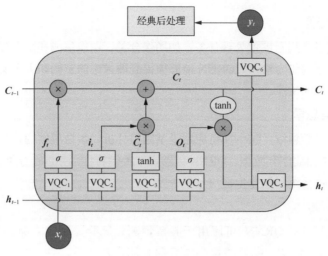

图 7.4.1 QLSTM 单元的架构

图 7.4.1 中，σ 和 tanh 分别表示 Sigmod 函数和 tanh 函数，x_t 表示 t 时刻的输入，h_t 表示隐藏状态，C_t 表示单元状态，y_t 表示输出，$\otimes$ 和 $\oplus$ 分别表示元素级的乘法和加法。

VQC$_1$～VQC$_4$ 的输入是前一个时间步长的隐藏状态 h_{t-1} 与当前输入向量 x_t 的连接 v_t，输出分别是在每个 VQC 结束时测量得到的 4 个向量。这 4 个测量值（为每个量子比特的 Pauli-Z 门期望值）随后会经过非线性激活函数 σ 和 tanh。QSLTM 单元可以分为 3 个块，分别为遗忘块、输入与更新块，以及输出块。

1. 遗忘块

VQC$_1$ 检查 v_t 并输出向量 f_t，通过 Sigmoid 函数后其值在区间[0,1]中。f_t 的目的是通过对 C_{t-1} 进行逐元素操作（$f_t^* C_{t-1}$）来确定是否"忘记"或"保留"上一步中单元状态 C_{t-1} 中的相应元素。例如，值为 1（或 0）意味着单元状态中的相应元素将被完全保留（或遗忘）。不过，一般来说，对单元状态进行操作的值不是 0 或 1，而是介于二者之间，这意味着单元状态携带的部分信息将被保留，使得 QLSTM 网络适合学习或建模时间依赖关系。遗忘块的具体操作如式（7.15）所示。

$$f_t = \sigma\left(\text{VQC}_1\left(v_t\right)\right) \tag{7.15}$$

2. 输入与更新块

这个块的作用是决定将哪些新信息添加到单元状态中，包含两个 VQC。其中，VQC$_2$ 处理 v_t，其输出经过 Sigmoid 函数以确定将哪些值添加到单元状态中。同时，VQC$_3$ 处理相同的级联输入并通过 tanh 函数生成新的单元状态候选 $\tilde{C}_t$。最后，VQC$_2$ 的结果按元素乘以 $\tilde{C}_t$，由此得到的向量用来更新单元状态。输入与更新块的具体操作如式（7.16）～式（7.18）所示。

$$i_t = \sigma\big(\text{VQC}_2(\boldsymbol{v}_t)\big) \tag{7.16}$$

$$\tilde{C}_t = \tanh\big(\text{VQC}_3(\boldsymbol{v}_t)\big) \tag{7.17}$$

$$C_t = f_t^* C_{t-1} + i_t^* \tilde{C}_t \tag{7.18}$$

3. 输出块

单元状态更新后，QLSTM 单元准备好决定输出什么。首先，VQC_4 处理 $\boldsymbol{v}_t$ 并通过 Sigmoid 函数来确定单元状态 $\boldsymbol{c}_t$ 中的哪些值与输出相关。单元状态本身先经过 tanh 函数，再按元素乘以 VQC_4 的结果。然后，可以使用 VQC_5 进一步处理该值以获得隐藏状态 $\boldsymbol{h}_t$，或使用 VQC_6 做进一步处理以获得输出 $\boldsymbol{y}_t$。输出块的具体操作如式（7.19）～式（7.21）所示。

$$o_t = \sigma\big(\text{VQC}_4(\boldsymbol{v}_t)\big) \tag{7.19}$$

$$h_t = \text{VQC}_5\big(o_t^*\tanh(c_t)\big) \tag{7.20}$$

$$y_t = \text{VQC}_6\big(o_t^*\tanh(c_t)\big) \tag{7.21}$$

VQC 中使用的量子比特数需要根据给定的问题大小确定，以便将输入向量 $\boldsymbol{v}_t = [\boldsymbol{h}_{t-1}, \boldsymbol{x}_t]$ 的维度与 QLSTM 单元的维度匹配，以及使要测量的量子比特数等于 QLSTM 单元隐藏状态的维度。一般来说，单元状态 $\boldsymbol{c}_t$、隐藏状态 $\boldsymbol{h}_t$ 和输出 $\boldsymbol{y}_t$ 的维度不相同。为了确保拥有这些向量的正确维度并保持设计架构的灵活性，需通过 VQC_5 将 $\boldsymbol{c}_t$ 转换为 $\boldsymbol{h}_t$，并通过 VQC_6 将 $\boldsymbol{c}_t$ 转换为 $\boldsymbol{y}_t$。

7.4.2 QLSTM 网络的量子线路设计

QLSTM 网络中 VQC 的通用架构如图 7.4.2 所示。QLSTM 网络中使用的每个 VQC 都由 3 层组成：数据编码层、变分层和量子测量层。值得注意的是，可以通过调整量子比特数和测量操作数来适应感兴趣的问题，并且变分层可以包含多个图 7.4.2 中虚线框所示的结构以增加参数量。所有这些都取决于用于计算的实验量子计算机的容量和能力。

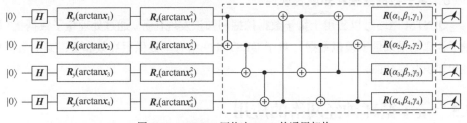

图 7.4.2 QLSTM 网络中 VQC 的通用架构

7.4.3 QLSTM 网络的应用领域

截至本书成稿之日，虽然 QLSTM 网络还是一个相对新颖的概念，并且在量子计算领域中的应用仍处于初级阶段，但它可能适用于许多与 LSTM 网络相似的应用领域。本小节介绍一些 QLSTM 网络的潜在应用领域。

1. NLP

QLSTM 网络可以用于处理文本数据的语义理解、情感分析、文本生成等任务。通过利用量子计算的特性（如叠加态和量子纠缠），QLSTM 网络有望提供更准确和更全面的文本处理功能。

2. 语音识别和语音处理

语音识别和语音处理是 QLSTM 网络的另一个可能的应用领域。QLSTM 网络可以用于处理和分析语音数据，如语音识别、语音合成和情感识别等任务。通过结合量子计算的特性（如量子并行性和量子纠缠），QLSTM 网络可能有助于改善语音处理的性能。

3. 时间序列分析

由于 LSTM 网络在处理时间序列数据方面的优秀表现，QLSTM 网络可以扩展到处理量子时间序列数据，如量子传感器数据、量子通信数据等。它在量子时间序列数据的建模、预测和分析等方面具有巨大潜力。

4. 机器翻译和跨语言处理

QLSTM 网络可以应用于机器翻译和跨语言处理任务，通过处理不同语言之间的文本数据，实现自动翻译和语义理解。QLSTM 网络可能有助于改善跨语言处理的效果，并提供更准确和更一致的翻译结果。

5. 情感分析和情绪识别

QLSTM 网络在情感分析和情绪识别方面可能具有潜力。通过结合量子计算的特性（如处理非经典概率和量子态的叠加），QLSTM 网络可以更好地捕捉文本中的情感和情绪信息，从而提高情感分析和情绪识别的准确率。

6. 量子数据挖掘和知识发现

QLSTM 网络可以应用于量子数据挖掘和知识发现任务。通过处理量子数据集（如量子计算结果或量子模拟数据），量子 QLSTM 网络有望提供更高效和更准确的数据挖掘和知识发现功能。

7.5 量子循环神经网络的应用

本节首先介绍文本分类的基本问题，然后分别介绍基于 QRNN 的文本分类方法和 QLSTM 网络的文本分类方法。

7.5.1 文本分类的基本问题

量子文本分类是一个相对新颖和前沿的研究领域，目前仍在积极探索中。虽然具体的问题可能因研究和应用的不同而有所差异，但一些与量子文本分类相关的基本问题是相通的。

1. 量子特征表示

传统的文本分类任务通常使用词袋（Bag-of-Words）模型、词嵌入（Word Embedding）等进行特征表示。在量子文本分类中，研究人员正在探索如何将文本转换为量子表示，以便在量子计算机上进行处理。这可能涉及将文本映射到量子态空间或使用量子逻辑门对文本进行编码。

2. 量子模型设计

针对文本分类任务，需要设计适用于量子计算的模型，以有效地处理和学习文本数据的量子表示。这可能涉及量子神经网络（QNN）或其他类型的量子模型的设计。

3. 数据编码和解码

在量子计算中，数据通常需要先编码为量子态，再进行处理和操作。对于文本分类任务，需要研究如何将文本数据编码为量子态，并在量子计算中进行有效的操作和计算。

4. 量子训练数据集

为了训练和评估量子文本分类模型，需要构建适用于量子计算的训练数据集。这可能涉及选择和准备适合量子计算的数据样本，并设计相应的标签和类别定义。

7.5.2 基于 QRNN 的文本分类方法

文献[31]为了验证 QRNN 执行 NLP 的可行性，使用意义分类（Meaning Classification，MC）任务来测试 QRNN。MC 任务包含 130 个句子，每个句子有 3 个或 4 个单词。其中，一半的句子与食物有关，一半与信息技术（IT）有关。因此，MC 任务是一项二分类任务，即将句子分类为食物或 IT。MC 任务中共有 17 个单词，部分词汇在两个类之间是通用的，因此任务并不简单。130 个句子中的 100 个用于训练，剩余的 30 个用于测试。学习率的超参数为 0.01。

表 7.5.1 所示为 QRNN 及基于分布组合分类（DisCoCat）框架的最先进的自然语言学习模型的分类准确率。

表 7.5.1　QRNN 和 DisCoCat 在文本分类任务上的性能对比

模型	分类准确率（%）
DisCoCat	79.8
QRNN	100.0

可以看出，QRNN 的分类准确率达到了 100%，比基于句法分析的量子模型 DisCoCat 要好得多。这证明了 QRNN 在文本分类任务上的有效性。

7.5.3 基于 QLSTM 网络的文本分类方法

联合用药在药物治疗和临床实践中非常常见。然而，它往往会引起各种意想不到的药物不良反应（Adverse Drug Reaction，ADR），而且药物组合越多，它们在药理或理化性质上相互影响的可能性就越大，发生 ADR 的可能性也就越大。因此，正确、及时地检测和识别 ADR 非常重要。近年来，社交媒体网络文本等非结构化数据丰富且生成迅速，已被用于挖掘 ADR。由于临床试验中 ADR 检测的局限性和被动性，人们提出了多种从社交媒体数据中检测潜在 ADR 的方法。

虽然基于深度学习的方法优于传统方法，但一般的深度学习模型的计算能力需要随着数据量的增加而急剧提升，并且许多基于现有计算能力的深度学习模型的训练过程非常漫长，甚至无法在实际中应用。截至本书成稿之日，与传统机器学习模型相比，量子机器学习模型取得了有趣的结果，并且在 NLP 任务中显示出了有希望的结果。文献[32]将 ADR 检测任务视为一项二分类任务，他们利用 Bi-LSTM 和量子计算在 NLP 方面的优势，构建了一种基于 Bi-LSTM 和量子计算的量子模型 QBi-LSTM，用于 ADR 检测。QBi-LSTM 使用的语料集是 TwiMed 和 TwitterADR，这两个语料集均来自 Twitter。两个语料集的统计信息见表 7.5.2。其中，语料集中可用样本的比例约为 60%。TwiMed 语料集在标注时考虑到了正负样本的比例，相对比较平衡，约为 1∶1.6。TwitterADR 语料集的规模比 TwiMed 大，正负样本比例约为 1∶8.1。

表 7.5.2 两个语料集的统计信息

语料集	发布的样本数	可用的样本数	正样本	负样本
TwiMed	1000	608	234	374
TwitterADR	10,822	6966	765	6201

表 7.5.3 所示为 RNN 和 QBi-LSTM 在上述两个语料集上的 ADR 检测结果。这里采用十折交叉验证进行实验。

表 7.5.3 RNN 和 QBi-LSTM 在两个语料集上的 ADR 检测结果

语料集	模型	P（%）	R（%）	F1（%）
TwiMed	RNN	62.35	71.24	66.50
	QBi-LSTM	78.41	69.38	73.62
TwitterADR	RNN	61.21	51.49	56.01
	QBi-LSTM	66.25	65.71	65.98

可以看出，QBi-LSTM 的 ADR 检测结果整体优于 RNN。与 QBi-LSTM 相比，RNN 只能处理短期依赖关系。RNN 只有一个参数矩阵，内存很短，容易出现梯度消失的问题，而 QBi-LSTM 比较复杂，有 4 个参数矩阵，可以通过更大的内存来解决这个问题。

7.6 小结

本章主要介绍了 RNN 及其扩展形式（LSTM 网络、QRNN 和 QLSTM 网络），对每种网络的基本原理、量子线路设计和应用领域进行了探讨，并着重讨论了它们在文本分类任务中的应用。

首先，本章介绍了传统神经网络在处理序列数据时的局限性，引出了 RNN 的概念，解释了 RNN 的基本原理，包括其循环结构和隐藏状态的传递机制。随后，探讨了 RNN 在 NLP、语音识别和时间序列分析等领域的广泛应用，并提出了 RNN 面临的梯度消失和梯度爆炸问题。

接着，本章详细介绍了 LSTM 网络的基本原理，包括门控机制和记忆单元的设计，这使得 LSTM 网络能够更好地捕捉长期依赖关系。还探讨了 LSTM 网络在 NLP、语音识别和时间序列分析等任务中的广泛应用，并强调了其在处理长序列数据和长期依赖关系时的优势。

随后，本章介绍了 QRNN 的基本原理和量子线路设计，还探讨了 QRNN 在 NLP 和其他领域的潜在应用。QRNN 能够利用量子计算的特性（如叠加态和量子纠缠）来进行文本数据的处理和分析。尽管截至本书，该领域仍处于初级研究阶段，但研究人员对其性能和可扩展性表示出浓厚的兴趣。

最后，本章详细介绍了 QLSTM 网络的基本原理和量子线路设计，讨论了 QLSTM 网络在文本分类和其他领域的潜在应用，并强调了其在处理序列数据和语义理解方面的潜力。QLSTM 网络结合了量子计算和 LSTM 机制，为处理文本数据提供了一种量子化的方法。

第8章　生成对抗网络

本章首先介绍经典生成对抗网络（GAN）和基于量子计算的生成对抗网络（QGAN），随后介绍 QGAN 的相关应用。

8.1　经典生成对抗网络

本节主要介绍 GAN 的基本原理、基本构成，并介绍 GAN 的优缺点及应用领域。

8.1.1　GAN 的基本原理

GAN[33]是一种深度神经网络模型，它既是一种生成式模型，也是一种无监督学习模型。GAN 最大的特点是为深度神经网络提供一种对抗训练的方式，此方式有助于解决一些普通训练方式不容易解决的问题。

GAN 的思想是一种二人零和博弈思想，博弈双方的利益总和是一个常数。例如两个人掰手腕，假设总的空间是一定的，若你的力气大一点，那你得到的空间就会多一点，相应地，我得到的空间就少一点；反之，我的力气大一点，得到的空间就会多一点。

将上述思想应用到深度神经网络中，就是通过生成器 G（Generator）和判别器 D（Discriminator）不断博弈，使 G 学习到数据的分布。如果将 GAN 应用到图像生成方面，则模型训练完成后，G 可以从一段随机数中生成逼真的图像。生成器 G 和判别器 D 的主要功能如下。

（1）G 接收一个随机的噪声信号（可以是均匀分布，也可以是高斯分布），并生成相应的样本。

（2）D 接收 G 生成的样本和真实的样本，并判别 G 生成的样本的真实性。D 会给真实样本尽可能高的概率，给 G 生成的样本尽可能低的概率。

训练过程中，G 的目标就是尽量生成真实的样本去欺骗 D。而 D 的目标就是尽量辨别出 G 生成的样本和真实样本。这样，G 和 D 构成了一个动态的"博弈过程"，最终的平衡点就是纳什均衡点。

自被提出以后，GAN 就越来越受到学术界和工业界的重视。随着 GAN 的理论与模型的高速发展，它在计算机视觉、NLP、人机交互等领域有着越来越深入的应用，并不断向着其他领域继续延伸。

8.1.2 GAN 的基本构成

GAN 是近年来复杂分布上无监督学习最具前景的模型之一。它通过框架中生成模型和判别模型的互相博弈来产生相当好的输出。经典的 GAN 理论中，G 和 D 无须都是神经网络，只需要是能拟合相应的生成和判别的函数即可，但实用中一般均使用深度神经网络作为 G 和 D，并通过对抗训练进行优化。生成器试图生成逼真的样本以骗过判别器，而判别器试图准确判断真实样本和生成样本之间的区别。双方通过迭代的对抗过程不断优化自己的参数，最终达到一个动态平衡点。GAN 的基本构成如图 8.1.1 所示。

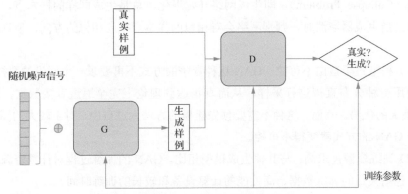

图 8.1.1 GAN 的基本结构

生成器和判别器都有自己的损失函数。生成器的损失函数反映生成样本与真实样本之间的差异，目标是最小化生成样本与真实样本之间的差异。判别器的损失函数反映其对真实样本和生成样本的判别准确率，目标是最大化判别准确率。通过这样的策略来对生成器和判别器进行训练，可使生成网络生成的样本越来越接近真实样本，而判别器也越来越难以分辨出样本是不是真实的。这样，不断地进行迭代，直到判别器难以区分接收的样本到底是真实样本还是生成样本。

8.1.3 GAN 的优缺点

与其他的生成模型相比，GAN 有以下 4 个优点。

（1）生成高质量的样本：GAN 能够生成逼真的图像、音频和文本等样本，具有很强的生成能力，可以产生具有多样性和创造力的输出。

（2）无须标签数据：与其他生成模型相比，GAN 不需要标签数据来进行训练，它通过对抗训练的方式学习数据分布，从而生成与训练数据相似的样本。

（3）学习数据分布：GAN 能够学习训练数据的分布，从而生成具有相同分布特征的样本。这使得 GAN 在数据生成、数据增强等任务中具有很大潜力。

（4）创造性应用：GAN 可以用于图像编辑、图像合成、风格迁移等创造性应用，能够生成新颖的、具有艺术性的图像。

GAN 有以下 4 个缺点。

（1）不收敛：所有的理论都认为 GAN 应该在纳什均衡上有卓越的表现，但梯度下降方法只有在凸函数的情况下才能保证实现纳什均衡。当博弈双方都用神经网络表示时，在没有实际达到均衡的情况下，让它们永远保持对自己策略的调整是可能的。

（2）难以训练、崩溃问题：GAN 模型被定义为极小-极大（Min-max）问题，没有损失函数，在训练过程中很难区分是否正在取得进展。GAN 的学习过程可能发生崩溃问题（Collapse Problem），即生成网络开始退化，总是生成同样的样本点，无法继续学习。当生成器崩溃时，判别网络会对相似的样本点指向相似的方向，使训练无法继续。

（3）模型过于自由不可控：GAN 这种竞争的方式不再要求一个假设的数据分布，而是使用一种分布直接进行采样，从而真正达到理论上完全逼近真实数据，这也是 GAN 最大的优势。然而，这种不需要预先建模的方法太过自由，对于较大的图像，基于简单 GAN 的方式就变得不可控。

（4）训练资源需求高：与其他生成模型相比，GAN 的训练过程对计算资源的要求较高，包括大量的训练数据、高性能的计算设备和较长的训练时间。

8.1.4　GAN 的应用领域

作为一个具有"无限生成"能力的模型，GAN 的直接应用就是建模，生成与真实数据分布一致的数据样本，如可以生成图像、视频等。GAN 不仅可以用于解决标注数据不足时的学习问题（如无监督学习、半监督学习等），还可以用于语音和语言处理（如生成对话、由文本生成图像）等。

1. 图像与视觉领域

GAN 能够生成与真实数据分布一致的图像。一个典型应用来自 Twitter，Ledig 等人[34]提出利用 GAN 来将一个低清晰度图像变换为具有丰富细节的高清图像，构建了超分辨生成对抗网络（SRGAN）。他们用 VGG（Visual Geometry Group）网络作为判别器，用参数化的残差网络作为生成器，实验结果如图 8.1.2 所示[34]。可以看到，GAN 生成了细节丰富的图像。

GAN 还可用于生成自动驾驶场景。Santana 等人[35]提出先利用 GAN 来生成与实际交通场景分布一致的图像，再训练一个基于 RNN 的转移模型，以实现预测的目的。GAN 不仅可以用于自动驾驶中的半监督学习或无监督学习任务，还可以利用实际场景不断更新的视频帧来实时优化 GAN 的生成器。Gou 等人[36]提出利用仿真图像和真实图像作为训练样本来实现人眼检测，但是这种仿真图像与真实图像存在一定的分布差距。Shrivastava 等人[37]提出了一种基于 GAN 的方法，该方法利用无标签真实图像来丰富、细化合成图像，使得合成图像更加真实。他们引入了一个自动正则化项来实现最小合成误差并最大限度地保留合成图像的类别，同时利用加入的局部对抗损失函数来对每个局部图像块进行判别，使得局部信息更加丰富。

双三次插值结果   SRGAN结果

图 8.1.2 SRGAN 的实验结果

2. 语音和语言领域

截至本书成稿之日，已经有一些关于 GAN 的语音和语言处理文章。Li 等人[38]提出用 GAN 来表征对话之间的隐式关联性，从而生成对话文本。Zhang 等人[39]提出了基于 GAN 的文本生成，他们用 CNN 作为判别器，基于拟合 LSTM 网络的输出，用距离匹配来解决优化问题。在训练时，与传统的"先更新多次判别器参数再更新一次生成器"不同，该网络需要先多次更新生成器，再更新 CNN 判别器。SeqGAN[40]是基于策略梯度来训练生成器，策略梯度的反馈信号奖励来自生成器，经过蒙特卡罗搜索得到。实验表明，SeqGAN 在语音生成、诗词生成和音乐生成方面可以超越传统方法。Reed 等人[41]提出用 GAN 基于文本描述生成图像，文本编码被作为生成器的条件输入，同时为了利用文本编码信息，也将其作为判别器特定层的额外信息输入来改进判别器，判别是否满足文本描述的准确率。实验结果表明，该网络生成的图像与文本具有较高相关性。

3. 其他领域

除了应用于图像和视觉、语音和语言等领域，GAN 还可以与强化学习结合，如 SeqGAN[42]。还有研究人员将 GAN 与模仿学习结合、将 GAN 与 Actor-critic 方法结合等。Hu 等人[43]提出的 MalGAN 能够帮助检测恶意代码，用 GAN 生成具有对抗性的病毒代码样本。实验结果表明,基于 GAN 的方法的性能可以比传统基于黑盒检测模型的方法更好。Childambaram 等人[44]基于风格转换提出了一个扩展 GAN 的生成器,用判别器来正则化生成器而不是用一个损失函数。他们用国际象棋实验示例证明了这种方法的有效性。

8.2 量子生成对抗网络

本章主要介绍量子生成对抗网络(QGAN)的基本原理、基本构成,并介绍 QGAN 的优缺点。

8.2.1 QGAN 的基本原理

近年来,GAN 引起了许多研究领域(如图像的生成和恢复等)的广泛关注,成为研究热点。GAN 可被视为由生成器和判别器组成的对抗零和博弈。生成器通过训练,生成假数据,并用来欺骗判别器,目的是让判别器无法判别假数据和真数据。同时,判别器通过训练,尽可能地分辨生成器产出的假数据和真数据。本质上,GAN 的训练是一个让生成器最大化判别器的判别误差,并让判别器最小化判别误差的极小-极大优化问题。模型通过不断交替地训练生成器和判别器,最终使模型达到零和博弈的纳什均衡点,即判别器误差为 1/2。QGAN 是对 GAN 的延伸,这个概念最先由 Lloyd 等人[45]提出,他们从较高的角度概括性地提出了不同类型的 QGAN。

QGAN 是将 GAN 的概念与量子计算结合的一种模型,基本保留了经典 GAN 的特征,不同之处在于 QGAN 用到的数据集既可以是经典的也可以是量子的,而且QGAN 中的生成器与判别器可以选择用经典神经网络或 VQC。QGAN 通过融合量子计算和机器学习的思想,旨在提供一种新颖的方法来生成和处理量子态数据。QGAN 的基本原理与经典的 GAN 相似,但在量子计算的框架下进行。QGAN 的基本类型如图 8.2.1 所示。

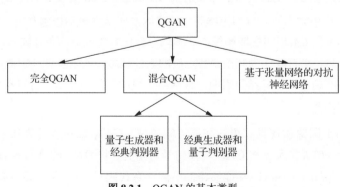

图 8.2.1 QGAN 的基本类型

8.2.2 QGAN 的基本构成

除了量子生成器和量子判别器外，QGAN 的基本构成与 GAN 基本一致。量子生成器旨在生成逼真的量子态数据，而量子判别器旨在区分真实的量子态数据和生成的量子态数据。通过对抗训练的过程，量子生成器和量子判别器相互竞争，逐渐提高生成的量子态数据的质量和保真度。QGAN 的主要构成如图 8.2.2 所示。

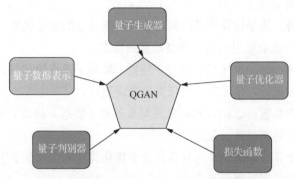

图 8.2.2 QGAN 的主要构成

与 GAN 相比，QGAN 的关键区别在于使用量子比特和量子逻辑门来进行计算和操作。量子生成器和量子判别器网络可以由量子神经网络构成，其中量子比特表示量子态数据的输入和输出，量子逻辑门表示量子操作和变换。这使得 QGAN 能够处理和生成具有量子性质的数据。

QGAN 在量子机器学习和量子计算领域具有潜在的应用价值。它可以用于生成逼真的量子态数据，帮助研究人员模拟和理解复杂的量子系统。此外，QGAN 还可以用于量子数据的分类、回归和优化等任务，为量子计算提供更多的工具和方法。

图 8.2.3 所示为 QGAN 的流程结构。可以看出，QGAN 的结构与 GAN 的结构基本一致，二者的区别在于 QGAN 的输入数据可以为量子态，而量子生成器、量子判别器也可以用量子神经网络进行设计，利用量子特性来提升模型效果。

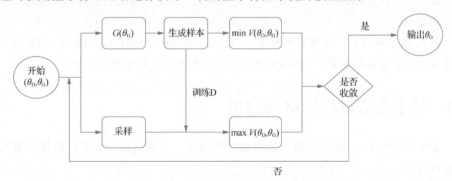

图 8.2.3 QGAN 的流程结构

然而，值得注意的是，由于量子计算的特殊性质和挑战性，QGAN 的设计和训练仍然是一个活跃的研究领域，需要深入的理论和实验研究来提高模型的性能和稳定性。

8.2.3 QGAN 的优缺点

虽然 QGAN 在量子计算领域具有潜在的优势，但也存在一些挑战和限制。

QGAN 的优势有以下 4 点。

（1）量子优势：量子计算在某些问题上具有指数级的加速优势，这意味着在某些情况下，QGAN 可能能够更快地生成高质量的样本。

（2）量子特性：QGAN 可以利用量子特性，如量子态叠加和纠缠，以及量子测量来进行数据生成和处理，从而在一些任务中表现更好。

（3）处理复杂数据：QGAN 可以处理复杂的量子数据，如量子态和量子图像等，这在经典计算机上可能很难实现。

（4）量子优化算法：QGAN 可以使用量子优化算法来优化量子生成器和量子判别器，从而更高效地学习数据分布。

QGAN 的挑战和限制有以下 5 点。

（1）硬件限制：量子计算的硬件还处于早期阶段，存在着噪声大、错误率高等问题，这都会对 QGAN 的性能和稳定性产生影响。

（2）训练困难：QGAN 的训练需要大量的量子逻辑门操作和对量子态的调控，这对目前的量子计算硬件来说是一个挑战，训练过程可能会非常耗时。

（3）数据量不足：由于量子计算领域的数据量相对较少，因此 QGAN 在训练过程中可能会面临数据不足的问题，这会影响其生成模型的质量和多样性。

（4）难以理解和解释：量子计算本身就非常复杂，QGAN 的工作原理和生成的结果也很难被解释和理解，这给应用和进一步研究带来了一定的限制。

（5）缺乏标准化和规范：截至本书成稿之日，QGAN 的标准化和规范化还比较缺乏，这使得不同研究和应用之间的比较和交流变得困难，也限制了它在实际应用中的推广和发展。

虽然 QGAN 具有一些潜在的优势，但目前仍然面临一些挑战和限制。随着量子计算技术的不断进步和发展，相信 QGAN 将会在更多领域发挥重要作用。

8.3 量子生成对抗网络的应用

本节主要对 QGAN 中的量子态生成线路设计、生成指标与实验、应用前景与挑战进行介绍。

8.3.1 QGAN 的量子态生成线路设计

QGAN 的量子态生成线路设计是整个模型的核心。在 QGAN 中，量子生成器和量子判别器是量子线路，它们通过共同协作来生成高质量的量子态。QGAN 中量子态生成线路的设计要点主要在量子生成器、量子判别器、损失函数、量子优化算法、量子特征映射、量子噪声处理等方面体现。各个部分的作用如图 8.3.1 所示。

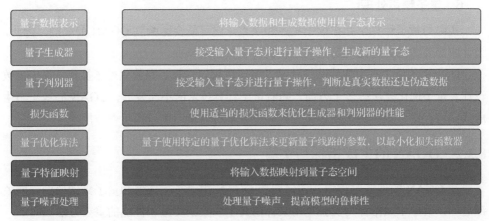

量子数据表示	将输入数据和生成数据使用量子态表示
量子生成器	接受输入量子态并进行量子操作，生成新的量子态
量子判别器	接受输入量子态并进行量子操作，判断是真实数据还是伪造数据
损失函数	使用适当的损失函数来优化生成器和判别器的性能
量子优化算法	量子使用特定的量子优化算法来更新量子线路的参数，以最小化损失函数器
量子特征映射	将输入数据映射到量子态空间
量子噪声处理	处理量子噪声，提高模型的鲁棒性

图 8.3.1 QGAN 中各个部分的作用

1. 量子生成器

量子生成器的任务是生成接近真实分布的量子态。它通常由一系列量子逻辑门和参数化的量子操作组成，这些参数化的量子操作可以通过量子优化算法来学习。生成器的设计需要考虑数据的特点，以及如何利用量子态叠加和纠缠等特性来生成多样化的样本。

2. 量子判别器

量子判别器的任务是判别量子生成器生成的态和真实态之间的差异。量子判别器也是一个量子线路，它可以通过测量生成态和真实态的某些属性来进行判别。量子判别器的设计需要考虑如何最大化判别性能，使其能够准确区分生成态和真实态。

3. 损失函数

QGAN 的训练依赖适当的损失函数。常用的损失函数包括 Jensen-Shannon 散度或 Wasserstein 距离等，用于衡量生成器的生成态和真实态之间的差异。损失函数的选择会影响到量子生成器和量子判别器的学习过程。

4. 量子优化算法

QGAN 涉及对参数化的量子操作的优化，需要选择适合的量子优化算法来最小化损失函数。常用的量子优化算法包括变分量子态特征（Variational Quantum State

Eigensolver，VQSE）优化算法和量子梯度下降算法等。

5. 量子特征映射

在量子生成器和量子判别器中，常常需要使用量子特征映射来将输入数据映射到量子态空间。量子特征映射可以通过不同的方式实现，如哈密顿量演化、量子相干态等。

6. 量子噪声处理

实际的量子计算中存在量子噪声和误差，这可能会影响到 QGAN 的性能。因此，设计中需要考虑如何处理量子噪声，提高模型的鲁棒性。

QGAN 的量子态生成线路设计涉及量子逻辑门选择、参数化量子操作、损失函数设计、量子优化算法等多个方面。随着量子计算技术的不断发展，QGAN 的量子态生成线路将会进一步得到优化和完善，并在量子机器学习中发挥重要作用。

8.3.2 QGAN 的生成指标与实验

在 QGAN 的训练过程中，如何判断 QGAN 中量子生成器和量子判别器的性能关键之一，其中生成指标与实验是用来评估其生成数据质量和性能的重要方法。

1. 生成指标

（1）量子态保真度：用于衡量 QGAN 的生成态与真实态之间的相似程度。量子态保真度越高，表示生成态与真实态越接近。

（2）量子逻辑门保真度：用于衡量 QGAN 生成的量子逻辑门与目标量子逻辑门之间的相似程度。量子逻辑门保真度越高，表示生成的量子逻辑门越接近目标量子逻辑门。

（3）量子态重构误差：用于衡量 QGAN 生成态与真实态之间的误差。量子态重构误差越小，表示生成态与真实态相比越准确。

（4）量子测量误差：用于衡量 QGAN 生成的量子测量结果与目标测量结果之间的误差。量子测量误差越小，表示生成的量子测量结果越接近目标测量结果。

2. 实验

（1）生成量子态：通过 QGAN 生成量子态，并使用量子态保真度等指标评估生成态与真实态的相似程度。

（2）生成量子逻辑门：通过 QGAN 生成量子逻辑门操作，并使用量子逻辑门保真度等指标评估生成的量子逻辑门与目标量子逻辑门的相似程度。

（3）量子态重构：使用 QGAN 生成的数据进行量子态重构实验，通过比较生成态与真实态之间的误差来评估生成的数据质量。

（4）量子测量：使用 QGAN 生成的数据进行量子测量实验，通过比较测量结果与目标结果之间的误差来评估生成的数据质量。

（5）其他应用实验：根据具体的应用场景，可以设计更多的实验来评估 QGAN 的性能，如量子优化、量子图像生成等。

在进行实验时，需要注意选择合适的量子计算硬件平台和算法优化策略，以确保实验结果的准确性和可靠性。同时，为了保证实验的可重复性和公正性，建议使用多次实验并统计平均结果。

8.3.3 QGAN 的应用前景与挑战

QGAN 是将量子计算与 GAN 结合的新型深度学习网络，它具有广阔的应用前景，也面临不少挑战。

1. 图像生成

QGAN 的最新研究主要集中在使用纯量子线路产生特定量子态，如 Qiskit 可以实现使用较少的量子逻辑门和参数近似地生成随机分布的量子态。还有研究人员尝试使用 QGAN 生成图像，但现有的网络受参数量和线路深度影响，需要将原始图像进行降维，无法产生复杂、高分辨率的图像。

一般 QGAN 中的量子判别器都采用经典神经网络模型，而量子生成器则使用带训练参数的 VQC 产生测量值。其中，量子比特数一般为 2~4，包括旋转门、受控门等组合的经典线路。例如，有的论文提出了产生随机分布的量子线路，其中只包含一些简单的量子逻辑门。用于图像生成的 QGAN 量子线路如图 8.3.2 所示[46]。

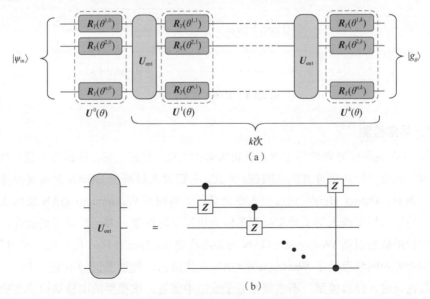

图 8.3.2　用于图像生成的 QGAN 量子线路

2．数据生成

除了图像生成的领域，在面对离散数据（如文本数据）时，GAN 会因梯度消失问题无法完成数据生成任务，而基于 QGAN 的模型则可以避免这个问题，从而完成离散数据的生成。此外，可通过将 QGAN 设计成量子-经典混合架构，由经典判别器接收经典形式的输入，并通过对量子线路产生的状态进行测量来输出离散数据。例如，Haozhen Situ[45]提出了一种用于生成离散数据的 QGAN 方法，其量子线路如图 8.3.3 所示[47]。图 8.3.4 所示为 $U(\theta_L)$ 的量子线路[47]。

QGAN 在离散数据生成领域要强于经典的 GAN，并且越深的量子线路层产生离散数据的能力越强，但生成与训练数据集相同的模式更加困难，因此需要更多的层。用于离散数据生成的 QGAN 可以看作对 GAN 的补充，值得进一步研究。

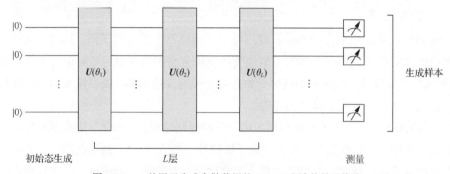

图 8.3.3　一种用于生成离散数据的 QGAN 方法的量子线路

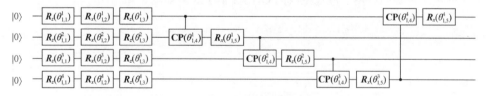

图 8.3.4　$U(\theta_L)$ 的量子线路

3．异常检测

GAN 在成像或异常检测方面表现出很强的性能。然而，它存在训练不稳定性，采样效率可能受到经典采样方法的限制。为此，有研究人员基于 QGAN 来实现异常检测任务。例如，Daniel Herr[48]通过引入变分量子经典模型 Wasserstein GAN 来解决这些问题。他将该模型嵌入用于异常检测的经典机器学习框架，并通过使用更适合梯度下降的代价函数来提高 Wasserstein GAN 的训练稳定性。Daniel Herr 提出的模型用量子-经典混合神经网络取代了 Wasserstein GAN 的生成器，判别器保持不变。这样，高维经典数据只进入经典模型，不需要在量子线路中制备。该模型的实验结构及实验结果如图 8.3.5 所示[48]。

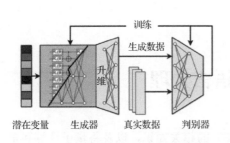

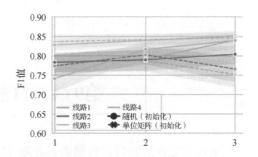

图 8.3.5 模型的实验结构及实验结果

参数化的量子线路具有很强的潜在表达能力，因此基于 QGAN 的模型在图像生成、数据生成、异常检测等领域都体现出了比 GAN 更好的效果，但目前对 QGAN 的研究仍处于初始阶段，仍有大量的问题需要解决。截至本书成稿之日，QGAN 面临的主要问题如下。

（1）硬件限制：目前量子计算硬件的发展还处于初级阶段，量子比特数有限且容易受到噪声干扰，这给 QGAN 的实际应用带来了挑战。

（2）训练复杂性：QGAN 的训练需要在量子计算环境下进行，这涉及量子线路的优化和量子态的生成，对算法设计和计算资源的要求较高。

（3）算法优化：目前 QGAN 的性能还不如 GAN 稳定，需要进一步优化算法和改进训练策略。

（4）数据采集：由于量子数据的获取比较困难，如何采集足够多的量子数据用于训练是一个难题。

QGAN 在量子计算和量子信息处理领域具有潜在的应用前景，同时也面临着诸多挑战。随着量子计算技术的不断发展和算法的改进，相信 QGAN 将在未来发挥更重要的作用。

8.4　小结

QGAN 是近年来发展起来的一种量子-经典混合架构。与 GAN 相比，QGAN 表现出潜在的指数级量子加速能力。许多研究人员还没有进行更深入的实验验证和理论上的指数级量子加速。与 GAN 一样，QGAN 在训练过程中也存在不稳定、梯度消失、模态崩溃等问题。如何将经典的 GAN 改进方法（如特征匹配、小批量判别、历史平均、单侧标签平滑、虚拟批量归一化等训练技术）引入 QGAN，以提高 QGAN 的性能，是值得研究的问题。

第9章 自然语言处理

本章首先介绍经典的自然语言处理（NLP）的相关知识，以及将量子计算和量子信息处理应用于 NLP 领域的量子自然语言处理（QNLP）。QNLP 结合了量子计算的并行处理和概率振幅放大特性，以及 NLP 的技术和方法，旨在提高 NLP 任务的效率和准确率。随后，介绍语法感知、量子 Transformer（QTransformer）及量子情感分析应用。

9.1 经典自然语言处理

本节主要介绍 NLP 的基本原理和基本流程，以及该领域内的一种经典文本分类任务的基础结构和多种模型。

9.1.1 NLP 的基本原理

NLP[49]是计算机科学、人工智能和语言学领域的交叉学科，主要研究如何让计算机能够理解、处理、生成和模拟人类语言的能力，从而拥有与人类进行自然对话的能力。通过 NLP 技术，可以实现机器翻译、问答系统、情感分析、文本摘要等多种应用。随着深度学习技术的发展，人工神经网络和其他机器学习方法已经在 NLP 领域取得了重要的进展。未来的发展方向包括更深入的语义理解、更好的对话系统、更广泛的跨语言处理和更强大的迁移学习技术。

NLP 的底层原理涉及多个层面，包括语言学、计算机科学和统计学等。它涉及对语言的结构、语义、语法和语用等方面的研究，以及对大规模语料集的统计分析和模型建立。在具体实现过程中，需要对自然语言进行多个层次的处理。

语言模型是 NLP 中最重要的概念之一，它用于计算给定文本序列的概率。语言模型可以基于规则、统计或深度学习等方法构建。在语言模型中，通常会使用一些概率模型来表示文本的生成概率，如 n 元（n-gram）模型、隐马尔可夫模型（Hidden Markov Model，HMM）和条件随机场（Conditional Random Field，CRF）等。

词向量表示是将自然语言文本转换为计算机可以处理的向量形式。在词向量表示中，通常会使用词袋模型或分布式表示（Distributional Representation）等方法。其中，分布式表示方法是一种由杰弗里·辛顿（Geoffrey Hinton）提出的技术，它通过在大规模语料集上训练神经网络来实现词向量的表示。语义分析关注句子的意义，其目标是将自然语言表示转换为一种计算机可以理解的形式。这通常涉及实体识别、关系抽取和指代消解等任务。在语义分析中，通常会使用词向量的平均值、加权平均值或递归神经网络等方法来表示句子的语义信息。

机器学习也是 NLP 中的一项重要技术，它可以通过训练大量的数据来提高 NLP 的准确率。例如，基于 CNN 的神经网络模型、基于 RNN 的神经网络模型、基于注意力（Attention）机制的神经网络模型，以及基于 Transformer 的神经网络模型等，都可以应用于 NLP 的各种任务中。

9.1.2　自然语言处理的基本流程

NLP 的基本流程通常包括以下 6 个步骤。

（1）数据收集和预处理：获取和清洗原始语言数据，包括文本、语料集或语音数据。

（2）分词和词法分析：将原始文本数据转换为适合模型输入的格式，如分词、去除停用词、词干提取等。

（3）特征提取：将文本转换为计算机可以处理的向量形式，如词向量表示、句子向量表示等。常用的特征提取方法包括词袋模型、TF-IDF（Term Frequency-Inverse Document Frequency）、词嵌入等。

（4）模型训练：利用训练数据集，采用机器学习或深度学习方法训练 NLP 模型。

（5）模型评估：使用验证数据集评估模型的性能，评估指标有准确率、召回率、F1 值等。

（6）模型应用：将训练好的模型应用于实际任务，如文本分类、情感分析、机器翻译等任务。

9.1.3　文本分类

文本分类指用计算机对文本（或其他实体）按照一定的分类体系或标准进行自动分类标记，是 NLP 领域中的经典任务。伴随着信息的爆炸式增长，人工标注数据已经变得耗时、质量低下，且会受到标注人主观意识的影响。因此，利用机器自动化地实现对文本的标注，将重复且枯燥的文本标注任务交由计算机进行处理，能够有效地克服以上问题，并使所标注的数据具有一致性好、质量高等特点，极具现实意义。

文本分类任务的基础结构分为特征工程和分类模型。特征工程一般使用 NLP 常用的数据采集、数据预处理、特征提取操作。

特征提取是文本分类任务中非常重要的一步。在向量空间模型中，文本的特征包括字、词组、短语等多种元素。文本数据集中一般含有数万甚至数十万个不同的词组，由如此庞大的词组构成的向量规模惊人，计算机运算非常困难。特征选择就是要想办法选出那些最能表征文本含义的词组元素。特征选择不仅可以减小问题的规模，还有助于分类性能的改善，选取不同的特征对文本分类系统的性能有非常重要的影响。特征选择的基本思路是根据某个评价指标独立地对原始特征项（词项）进行评分排序，从中选择得分最高的一些特征项，过滤掉其余的特征项。常用模型包括词袋模型、向量空间模型（如 TF-IDF）。此外，还有独热编码、整数编码、word2vec 等方法。常用的评价有文档频率、互信息、信息增益、X^2 统计量等。

文本分类模型主要分为两大类：一类是传统的机器学习模型，另一类则是深度学习模型。传统的机器学习模型可以称为浅层学习模型，这些模型的结构比较简单，依赖人工获取的文本特征，虽然模型参数相对较少，但是在复杂任务中往往能够表现出较好的效果，具有很好的领域适应性。浅层学习模型主要包括以下 4 种。

（1）基于规则的模型。这类模型的时间复杂度低、运算速度快、结构简单、容易实现，在特定领域的分类中往往能够取得较好的效果。常见的基于分类的文本分类模型为决策树，它能够建立对象属性与对象值之间的一种映射。

（2）基于概率的模型。假设未标注文档为 d，类别集合为 $C = \{c_1, c_2, \cdots, c_n\}$，基于概率的文本分类是对 $1 \leqslant i \leqslant n$ 求条件概率模型 $P(c_i \mid d)$（d 属于类别 c_i 的概率），将与 d 的条件概率最大的那个类别作为该文档的输出类别。其中，朴素贝叶斯（Naive Bayes）分类器是应用最广泛且最简单常用的一种基于概率的文本分类模型。

（3）基于几何学的模型。使用向量空间模型表示文本，文本就被表示为一个多维的向量，那么它就是多维空间的一个点。基于几何学的文本分类就是通过几何学原理构建一个超平面，将不属于同一个类别的文本区分开。最典型的基于几何学的文本分类模型是 SVM。

（4）基于统计的模型。这类模型已经成为自然语言研究领域中的主流研究方法。事实上，无论是朴素贝叶斯分类器，还是 SVM，都采用了统计的方式。最典型的基于统计的文本分类模型是 K 近邻（K-Nearest Neighbor，KNN）模型。

虽然目前神经网络与传统机器学习模型相比具有很好的分类性能，但其实最初它不擅长处理文本数据。主要问题是，文本表示的维度高且较稀疏，但特征表达能力很弱，神经网络还需要人工进行特征工程，成本高昂。自 2010 年以来，文本分类逐渐从浅层学习模式向深度学习模式转变。与浅层学习模型相比，深度学习模型避免了人工设计规则和特征，并能够自动提供文本挖掘的语义意义表示。与浅层学习模型不同，深度学习模型通过学习一组直接将特征映射到输出的非线性转换，将特征工程集成到模型拟合过程中。截至本书成稿之日，几乎所有研究都是基于深度学习模型进行的，下面简单介绍 6 种文本分类算法。

1. 基于多层感知机的算法

多层感知机是一种用于自动捕获特征的简单神经网络结构。它包含一个输入层、一个对应所有节点且带有激活函数的隐藏层，以及一个输出层。每个节点都具有一定权重。它先将每个输入文本视为一个词袋，然后学习每个文本对应的权重。

2. 基于 RNN 的算法

首先，利用词嵌入技术，将输入的每个词用一个特定的向量表示。然后，将嵌入词向量逐个输入 RNN 单元。RNN 单元的输出向量与输入向量的维数相同，并馈入下一个隐藏层。RNN 在模型的不同部分共享参数，并且对每个输入词具有相同的权重。最后，隐藏层的最后一层输出可以预测输入文本的标签。此外，还有基于 LSTM 网络的算法。

3. 基于 CNN 的算法

CNN 起初用于图像分类，可以利用卷积滤波器提取图像的特征。与 RNN 不同，CNN 可以同时将不同核定义的卷积应用于序列的多个块。因此，CNN 被应用于许多 NLP 任务，包括文本分类。对于文本分类，CNN 将文本表示为类似于图像表示的向量，可以从多个角度对文本特征进行过滤。

4. 基于注意力机制的算法

CNN 和 RNN 在文本分类相关的任务中提供了很好的结果，但存在不够直观、可解释性较差的缺点，特别是对于一些分类错误，会由于隐藏数据的不可读性而无法解释。基于注意力机制的算法借鉴了人类的注意力机制，最初被用于机器翻译，现在已成为神经网络领域的一个重要概念。常见的模型有 HAN 模型，它包括两个编码器（Encoder）和两个层次的注意力层（Attention Layer）。注意力机制让模型对特定的输入给予不同的注意。它先将关键词聚合成关键句子向量，再将关键句子向量聚合成文本向量。通过这两个层次的注意力机制，可以了解每个单词和句子对分类判断的贡献，有利于应用和分析。

5. 基于 Transformer 的算法

Transformer 是一种预训练的语言模型，它可以有效地学习全局语义表示，并显著地提高包括文本分类在内的 NLP 任务的效果。通常，Transformer 首先使用无监督的方法自动挖掘语义知识，然后构造预训练目标，使机器能够理解语义。Transformer 可以在不考虑连续信息的情况下并行计算，适用于大规模数据集，因此在 NLP 任务中很受欢迎。基于 Transformer 的经典算法有 ELMo（Embeddings from Language Model）、GPT（Generative Pre-Training）、BERT（Bidirectional Encoder Representations from Transformer）等。

6. 基于图神经网络的算法

尽管传统的深度学习模型在提取结构空间（欧几里得空间）数据的特征方面取得了巨大的成功，但许多实际应用场景中的数据是从非结构空间生成的，传统的深度学习模型在处理非结构空间数据上的表现难以令人满意。图神经网络（Graph Neural Network，GNN）是一种可用于学习大规模相互连接的图结构信息数据的模型。基于 GNN 的算法既可以学习句子的句法结构，也可以进行文本分类。

9.2 量子自然语言处理

本节主要介绍量子自然语言处理（QNLP）的基本原理和发展历程。

9.2.1 QNLP 的基本原理

语言和量子力学在定性上有显著的相似性，大多数单词都有几种可能的含义，不知道对一个词或短语的哪个解释是合适的，直到在上下文中遇到它。一旦在上下文中观察到一个单词，通常就会选择一个可用的含义，并且这个选择倾向于保持混合，直到上下文发生变化。类似地，量子力学预测的是不同结果的概率，而不是实际的结果，除非系统已经处于与正在执行的测量一致的混合状态。根据 Dirac 的描述[50]，当测量时，系统被观察到处于混合状态，如果再次测量，将会给出相同的结果并且结果将保持混合，直到有什么东西改变了它（利用量子计算的特点对语言特征进行建模）。

"你的苹果能给我吗"，这句话中"苹果"一词的含义就是不确定的，需要更多的上下文才能确定。

QNLP 的核心思想是，将范畴量子力学[51]的语言意义和语法结构结合在一起。事实上，QNLP 的理论框架是自然语言的 DisCoCat 模型[52]。DisCoCat 模型允许先将单词和短语的含义编码为量子态，随后可在专用的硬件或虚拟机中实现为量子线路，下面称为语法感知的 NLP。

此外，在 NISQ 设备时代，在经典硬件和量子硬件上的实现的量子-经典混合的 QNLP 更适应当前硬件发展的形态，也更利于 QNLP 的落地。

2021 年，英国剑桥量子计算公司（CQC）发布了 QNLP 在量子计算机上的实验，并发表了相关论文[53]，最终验证了 QNLP 在 IBM 的量子计算机上的实现。CQC 将句子实例化为参数化的量子线路，并根据句子的语法结构，将单词含义嵌入"纠缠"的量子态。他们首先根据 Coecke 等人提出的意义组成模型的形式相似性和量子理论，创建了具有与量子线路自然映射关系的句子表示形式，随后在 NISQ 计算机上进行实验，使用了包含超过 100 个句子的数据集进行训练。实验结果表明，这些表示形式成功地训练并实现了两个 NLP 模型，可以解决基于量子硬件的简单句子分类任务。

注意，句子不仅是"单词袋"，而是单词以特定的顺序和结构相互作用形成的一个整体网络，如图 9.2.1 所示。

图 9.2.1 单词网络

图 9.2.1 中的框表示单词的含义，而线条表示可以传达这些含义的渠道。因此，在上面的示例中，主语"Alice"和宾语"Bob"都被发送给了动词"hates"，它们一起构成了句子的含义。实际上，这种句子中的单词流可以追溯到 20 世纪 50 年代由艾弗拉姆·诺姆·乔姆斯基（Avram Noam Chomsky）和约阿希姆·兰贝克（Joachim Lambek）等人开展的工作，这些工作将语法结构（基本上是所有语言）统一在一个单一的数学结构中。将单词和短语的含义编码为量子状态并进行演化，该量子态对量子硬件上的语法语句的含义进行编码。

9.2.2 QNLP 的发展历程

NLP 的概念可以追溯到计算机科学的诞生时期。计算机科学之父艾伦·麦席森·图灵（Alan Mathison Turing）在 1950 年提出了图灵测试[54]。这为人工智能设定了一个目标：在涉及自然语言理解和生成的任务中，人类难以区分与之对话的人类还是人工智能。

20 世纪 50 年代和 60 年代，形式语言学兴起。这个分支旨在将语言结构形式化为一个数学模型。这个新兴领域中最著名的学者是 Chomsky。他最著名的贡献是对形式文法的阐述[55]。上下文无关文法（Context-free Grammar，CFG）由一个词汇和生产规则组成，旨在按一套给定的规则生产（和识别）每一个语法句子。

计算机的兴起和语法的形式化激发了人们对 NLP 观点的最初热情。当时，这些算法总是基于规则的：语言专家手工设计词汇和语言规则集，这些规则将在计算机上实现，以完成给定的任务。从人工智能的角度来看，基于规则的算法可以与所谓的符号方法联系起来：这些算法被用来模拟人类执行相同任务时的认知流程。这意味着算法应该读取并生成人类可读的资源（规则、数据库等）。

当时，NLP 的主要目标应用是从俄语到英语的机器翻译。1954 年，由乔治敦大学（Georgetown University）和 IBM 领导的一个概念证明实验实现了对 49 个精选俄语句子的翻译。当时，文献[56]的作者声称，机器翻译可以在 10 年内得到解决。然而，在 1964 年，由于担心缺乏实质性的进展，美国政府要求自动语言处理咨询委员会（Automatic Language Processing Advisory Committee，ALPAC）领导对该技术状况的调查。1966 年，ALPAC 在其报告[57]中得出结论：机器翻译的速度更慢、准确性更差，成本是人类翻译的两倍，而且"没有有用的机器翻译的即时或可预测的前景"。这份报告结束了大多数关于机器翻译的研究，并总结了最初对 NLP 中符号方法的乐观态度。

20 世纪 90 年代，特别是互联网诞生后，NLP 领域发生了范式的变化：计算能力大大提升，可用的语言数据的数量也大大增加。与此同时，NLP 从规则驱动转向了数据驱动。算法被设计成产生它自己的"规则"，以便尽可能地接近现有的数据。这标志着机器学习时代的兴起和象征性人工智能的衰落。事实上，这些算法产生的规则不再与认知模型对应。不出所料，许多统治这个 NLP 新时代的早期成功案例都发生在机器翻译领域。值得注意的是，IBM 的对齐模型[58]被用于将每个单词映射到多语言语料集中的翻译中，并提供了一种训练高效的翻译统计模型的方法。此后的二十多年中，这些模型一直是最先进的机器翻译模型。

然而，在过去的 10 年里，算法领域发生了一场技术革命，为人工智能的性能建立了一个新的基准。随着 GPU 和云计算的发展，可以并行使用的计算能力呈指数级增长，这使所谓的神经网络的有效实现成为可能。这些神经网络也是由数据驱动的，但它们的结构与神经元尺度上的大脑结构相似。神经网络堆叠的人工神经元层相互连接。该网络分为两个部分：前馈及反向传播。前馈是指网络预测给定问题的答案；反向传播则是指给定任务的实际正确答案，网络重新调整内部每个连接的权重，以改进其未来的预测。与象征性的人工智能不同，这种方法被称为连接主义，因为它依赖模拟大脑的低层次结构，而不是认知的高级步骤。截至本书成稿之日，神经网络技术仍然是 NLP 的许多主要任务中最先进的技术。

在过去的 10 年里，一种相对较新的硬件类型和领域——量子计算机和量子计算得到了快速发展。这种发展趋势吸引了大量面向这些新兴技术的研究和资金。量子计算研究的主要动机是在这些硬件上发现和实现比在经典计算机上更有效地运行的算法。最著名的例子是 Shor 算法[3]，它可以比任何已知的经典算法都更快地找到给定数字的质因数。为 NLP 任务设计量子算法是量子计算的一个子领域，现在被称为 QNLP。

QNLP 是由牛津大学的 3 位学者大约于 2008 年共同发起的，他们是梅尔诺什·萨德扎德、斯蒂芬·克拉克和鲍勃·科克。当时，萨尔扎德研究的是语法代数（一种解释自然语言语法的数学形式主义），斯蒂芬·克拉克致力于研究词嵌入（一种通过一致地将单词建模为向量空间的元素来编码其基本含义的技术），鲍勃·科克则正在研究范畴量子力学（一种用可以组合在一起的过程来描述量子力学的方法）。在文献[59]中，他们为 DisCoCat 模型奠定了基础：构建了一个根据句子的语法结构并结合嵌入的单词来编码其意义的模型。他们提出的实现该模型的算法在量子计算机上实现时具有指数级加速速度。有了这个将语言结构编码成量子线路的模型，符号主义人工智能就可以重返舞台，从而提供有别于神经网络这种"黑盒子"的算法。

9.3 语法感知 QNLP

本节主要介绍 QNLP 的一个重要路线——语法感知，对语法感知的基本原理和应用领域进行描述，并简单阐述量子语法感知的具体实现和实验。

9.3.1 语法感知的基本原理

2021 年，CQC 首先提出了 QNLP 的概念，首次实现了量子计算机上 NLP 模型的实例：首先将原始文本编码为量子线路，从文本句子的词义生成句子整体的含义，并计算出一个状态向量，然后转化为分类标签，从而完成中文文本分类。牛津大学的 Bob Coecke 教授及其团队[60]力求规范地将语义与丰富的语言结构（尤其是语法）结合，他们证明了量子计算机可以实现"意义感知"的 NLP，从而将 QNLP 确立为本征量子，达到量子系统模拟水准。此外，将 DisCoCat 模型转化为 VQC，为 QNLP 引入了第一个 NISQ 友好框架。

在 QNLP 中，语法感知可以对语法、语义进行联合建模，从而在翻译、生成等任务中发挥量子计算的优势，对语法、语义进行指数级加速的建模学习。

9.3.2 语法感知 QNLP 的应用领域

语法是一种规则系统，用于描述句子中单词之间的结构和关系。语法感知 QNLP 的潜在应用领域有语法纠错、文本分类、机器翻译、自然语言生成、问答系统及文本摘要等。

1．语法纠错

语法感知可以帮助 NLP 模型检测并纠正句子中的语法错误。通过理解句子的语法结构，模型可以找出并纠正主谓不一致、冠词误用、动词时态错误等问题。

2．文本分类

语法感知在文本分类中起着关键作用，有助于模型正确理解句子中词与词的关系，提高分析的准确性。

3. 机器翻译

在机器翻译任务中，语法感知可以帮助模型生成更符合目标语言语法结构的翻译结果。通过理解源语言和目标语言的语法规则，模型可以更好地处理词序调整和结构转换等问题。

4. 自然语言生成

在自然语言生成任务中，语法感知可以确保生成的句子具有良好的语法结构和连贯性。模型需要理解目标语言的语法规则，以便生成正确且符合语法的句子。

5. 问答系统

在问答系统中，语法感知可以帮助模型理解问题和文本之间的语法关系，从而更准确地回答问题。

6. 文本摘要

在文本摘要任务中，语法感知有助于生成更连贯、结构良好的摘要内容。

总体而言，语法感知 NLP 可以提高模型对句子结构的理解和生成能力，从而改进各种 NLP 任务的性能。然而，语法感知本身并不是独立的技术，而是与其他 NLP 算法和模型结合使用，共同推动 NLP 技术的发展和应用。

9.3.3 语法感知 QNLP 的具体实现与实验

语法感知的 QNLP 需要先获取句子对应的语法树（见表 9.3.1），再创建 DisCoCat 图，接着将 DisCoCat 图转为 ansatz（该 ansatz 确定到量子线路的实际转换）。最后，量子编译器将量子线路转化为可以在量子硬件上运行的专用代码。具体流程如下。

（1）对句子进行解析以获得其语法树。对于大型数据集，需要一个自动解析器。

（2）将语法树与句子组合起来，得到 DisCoCat 图（示例见图 9.3.1）。

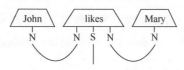

图 9.3.1 "名词+及物动词+名词"格式的句子的 DisCoCat 图

（3）将 DisCoCat 图映射到一个参数化量子线路（示例见图 9.3.2），并通过训练获得最优化参数。

（4）在量子计算机上对该量子线路进行多次编译和执行，以检索测量统计数据。

（5）对上述测量数据进行后处理，这就得到了最终的结果。根据测量结果和损失函数优化变分参数，即可得到最优模型（见表 9.3.2）。

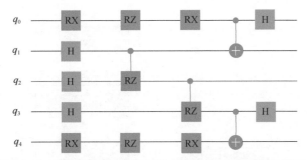

图 9.3.2 "名词+及物动词+名词"格式的句子语法感知的量子线路

表 9.3.1 文本分类语料集的统计信息

语料集	训练集数量	验证集数量	测试集数量
MC	70	30	30

表 9.3.2 语法感知文本分类测试集指标

语料集	模型	P（%）	A（%）	F1（%）
MC	语法感知	100	83	70.59

9.4 量子 Transformer

本节首先介绍一种在 NLP 任务中具有优越性能的神经网络——Transformer，随后介绍量子 Transformer（QTransformer）的量子线路设计。

9.4.1 Transformer 的基本原理

Transformer 是一种用于序列到序列（Sequence-to-Sequence，Seq2Seq）任务的神经网络，最早由 Vaswani 等人[61]在 2017 年提出。它在 NLP 任务中取得了显著的成功，特别是在机器翻译任务中。Transformer 的基本原理主要包括自注意力机制（Self-Attention Mechanism）和位置编码（Positional Encoding），结构如图 9.4.1 所示。

自注意力机制是 Transformer 的核心。它是一种通过学习查询（Query）、键（Key）和值（Value）的相互关系，来对输入序列中每个位置的元素进行加权表示的方法。自注意力机制使得模型能够在不同位置之间建立长距离的依赖关系，从而更好地理解序列中不同元素之间的联系。在自注意力机制中，首先对输入序列进行 3 次线性变换，产生查询、键和值。随后，计算查询与键之间的相似度，得到注意力权重。接着，将注意力权重与值相乘，得到加权的表示。最后，对加权表示进行求和，得到最终的输出。自注意力机制的计算过程可以用式（9.1）表示。

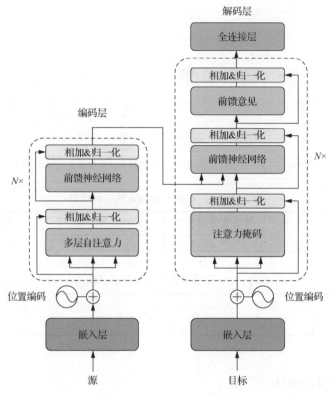

图 9.4.1 Transformer 的结构

$$\text{Attention}\left(\boldsymbol{Q},\boldsymbol{K},\boldsymbol{V}\right) = \text{Softmax}\left(\frac{\boldsymbol{Q}\boldsymbol{K}^{\text{T}}}{\sqrt{d_k}}\right)\boldsymbol{V} \tag{9.1}$$

其中，$\boldsymbol{Q}$ 是查询矩阵，$\boldsymbol{K}$ 是键矩阵，$\boldsymbol{V}$ 是值矩阵，d_k 是向量的维度。Softmax 函数用于将查询和键之间的相似度归一化，以得到注意力权重。

Transformer 没有像 RNN 或 CNN 一样对输入序列进行顺序处理。为了将序列中元素的位置信息引入模型，Transformer 使用位置编码来表示每个位置的元素。位置编码是通过对位置序列进行编码得到的。在 Transformer 中，位置编码是通过一组特殊的可学习参数（通常是正弦和余弦函数）生成的。位置编码与词嵌入相加后，就是输入序列的最终表示。

Transformer 由编码器和解码器组成。编码器负责将输入序列编码成一系列上下文感知的表示，而解码器负责根据编码器的输出生成目标序列。在训练过程中，编码器和解码器之间使用自注意力机制来处理输入和输出序列，从而捕捉序列中的长期依赖关系。编码器和解码器内部的多层自注意力和前馈神经网络使 Transformer 具有较强的表达能力和计算效率。在解码器中，为了保证生成的序列是自左向右生成的，需要引入注意力掩码（Attention Masking）。注意力掩码将未来时刻的信息隐藏起来，确保在当前时刻生成输出时，只能依赖已生成的部分。

9.4.2　Transformer 的应用领域

Transformer 是一种强大的神经网络，在 NLP 领域取得了显著的成功。本小节介绍 Transformer 的一些主要应用领域。

1．机器翻译

Transformer 最早被提出时，主要应用于机器翻译任务。自注意力机制和编码器-解码器结构使得它能够处理不定长的序列数据，并捕捉长期依赖关系，因此在机器翻译中取得了显著的进展。例如，谷歌的翻译服务中就采用了 Transformer。

2．文本生成

Transformer 可以应用于文本生成任务，如文本摘要、对话生成和故事生成等。通过将生成任务建模为序列到序列的问题，Transformer 可以在生成过程中考虑上下文信息，并生成合理、连贯的文本。

3．语言模型

Transformer 在语言建模任务中也表现出色。通过预训练大规模的 Transformer，可以得到强大的语言表示，为其他 NLP 任务提供更好的特征。

4．问答系统

在问答系统中，Transformer 可以用于处理问题和文本段落之间的关系，从而回答用户提出的问题。例如，BERT 是一种基于 Transformer 的预训练语言模型，被广泛应用于问答系统。

5．命名实体识别

命名实体识别（Named Entity Recognition，NER）是一种在文本中识别实体（如人名、地名、组织名等）的任务。Transformer 可以用于对文本进行编码，并可通过分类层识别实体。

6．情感分析

情感分析是一种对文本情感进行分类的任务。Transformer 可以将文本编码为特征表示，并可通过分类层进行情感分类。

7．语音识别

尽管 Transformer 主要应用于文本数据，但近年来也有研究人员将其应用于语音识别任务。通过将声音信号转换为文本序列，并使用 Transformer 进行处理，可以实现端到端的语音识别。

总体而言，Transformer 在 NLP 领域的应用非常广泛，它在各种 NLP 任务中取得了优秀的成绩，并为自然语言理解与生成任务带来了新的突破。除了 NLP 领域，Transformer 在其他序列到序列任务（如图像描述生成和音乐生成等）中，也有一定的应用潜力。随着深度学习技术的不断发展，Transformer 及其改进模型将继续在各个领域展现出强大的表现能力。

9.4.3 QTransformer 的量子线路设计

QTransformer 是一种结合了 Transformer 和量子计算思想的模型，用于处理时序数据和序列到序列任务。它在时序数据处理和预测任务中展现出了一定的优势。需要注意的是，QTransformer 的量子线路设计会因应用场景和具体任务有所不同。

9.5 量子情感分析的应用

本节首先对传统文本分类任务中的情感分析进行介绍，包括经典情感分析（Classical Sentiment Analysis）和量子情感分析的基本原理，然后分别介绍基于语法感知 QNLP 和 QTransformer 的情感分析应用。

9.5.1 经典情感分析

经典情感分析是一种传统的文本分类任务，旨在通过对文本进行情感判断，将文本分为正面、负面或中性三大类。该任务通常在 NLP 领域中被广泛应用，用于分析用户评论、社交媒体数据、产品评价等。经典情感分析主要包括以下 8 个步骤。

（1）数据收集：收集包含情感信息的文本数据，如用户评论、产品评价等。这些数据将用于构建和训练情感分析模型。

（2）数据预处理：对收集到的文本数据进行预处理，包括文本清洗、分词、去除停用词、词形还原等操作，以准备好用于特征提取的文本数据。

（3）特征提取：从文本数据中提取有意义的特征，以便用于训练情感分析模型。常用的特征提取方法包括词袋模型、TF-IDF 等。

（4）构建训练数据集和测试数据集：将预处理后的数据分为训练数据集和测试数据集，用于训练情感分析模型和评估其性能。

（5）选择分类器：选择适合的分类器，用于对文本进行情感分类。常见的分类器包括朴素贝叶斯分类器、SVM、逻辑回归分类器等。

（6）训练模型：使用训练数据集对选定的分类器进行训练，学习文本与情感类别之间的关联。

（7）模型评估：使用测试数据集评估训练好的模型的性能，通常使用准确率、精确率、召回率等指标来衡量模型的表现。

（8）预测与应用：使用训练好的模型对新的文本数据进行情感预测，将文本分类为正面、负面或中性三大类。

经典情感分析在处理简单的情感分类任务时表现良好，但对于复杂的文本情感分析，如多义词、语义复杂或嵌套的情感表达等情况，可能面临一定的挑战。面对这些复杂情况，深度学习模型，特别是基于深度神经网络的情感分析模型，如 RNN、LSTM 网络、Transformer 等，已逐渐成为处理情感分析任务的主流方法，能够更好地捕捉文本中的上下文信息和语义关联。

9.5.2 量子情感分析的基本原理

量子情感分析是一种将量子计算与情感分析结合的新颖方法，旨在利用量子计算的特性来处理和分析情感信息。虽然截至本书成稿之日，量子情感分析仍处于研究阶段，并且没有成熟的量子计算平台来支持大规模的应用，但其基本原理已经比较成熟。

1．量子表示

在经典情感分析中，文本通常被表示为向量或矩阵形式，以便进行机器学习。在量子情感分析中，文本信息可以被编码为量子比特的状态。每个量子比特可以表示文本中的一个单词、短语或情感表达。

2．量子特征提取

经典情感分析中，特征提取是一个关键步骤，用于将文本信息转换为数值特征。在量子情感分析中，特征提取可以通过量子逻辑门来实现，将文本的语义信息编码成量子态。

3．量子纠缠

量子纠缠是量子计算中的重要特征，表示在一个量子系统中的多个量子比特之间存在高度关联。在量子情感分析中，可以利用量子纠缠来捕捉文本中的语义关联和情感表达之间的联系。

4．量子计算模型

量子情感分析需要定义一个适合处理情感信息的量子计算模型。该模型可能包括量子特征提取、量子纠缠、量子分类器等组件，用于在量子计算空间中处理和分析情感数据。

5．量子分类器

在量子情感分析中，需要通过量子算法或量子分类器来判断文本的情感极性（如正面、负面、中性）。

量子情感分析作为一种新兴的研究领域，能够在未来的量子计算平台成熟后，为情感分析等 NLP 任务带来新的可能性和优势。

9.5.3 基于语法感知 QNLP 的情感分析应用

虽然量子计算在一些特定问题上具有优势，但在执行大规模的情感分析任务方面，目前仍面临许多挑战。实现基于语法感知 QNLP 的情感分析应用，需要解决以下 4 个关键问题。

1. 量子特征表示

将文本信息转换为量子态是量子情感分析的关键步骤。需要设计一种有效的方式来将文本编码为连续变量的量子态，以便在量子计算模型中进行处理。

2. 量子纠缠

量子纠缠在量子计算中是非常重要的，但如何利用量子纠缠来捕捉文本的语义关联和情感信息仍然需要深入研究。

3. 量子计算模型

需要设计一个适用于情感分析任务的量子计算模型，包括量子特征提取、量子纠缠、量子分类器等组件。这些组件需要结合文本数据的特点，实现情感分析的目标。

4. 量子硬件

截至本书成稿之日，可用的量子计算硬件还相对有限，尤其是对于连续变量量子计算。要实现大规模的情感分析应用，需要更强大和稳定的量子计算平台。

利用量子计算的特性，语法感知 QNLP 能够使语言结构的编码更加容易，而不像经典 NLP 那样需要复杂的语法编码，这使得 QNLP 在处理语言模型时更加直接和高效，有潜力处理更复杂的情感分析任务，并且可以扩展到更广泛的应用场景[62]。

9.5.4 基于 QTransformer 的情感分析应用

QTransformer 是一种结合了量子计算和 Transformer 的新颖模型。Transformer 是一种基于自注意力机制的深度学习模型，在 NLP 领域取得了重大突破。而 QTransformer 是将 Transformer 与量子计算结合的一种尝试，旨在利用量子计算的优势来改进 Transformer 的性能。

QTransformer 的基本原理是在 Transformer 的结构中引入量子计算元素。Transformer 使用矩阵乘法和自注意力机制来捕捉文本中的语义关系，但这些运算可能在进行大规模文本处理时面临计算复杂度的挑战。通过引入量子计算元素，QTransformer 试图利用量子计算的并行性和高维表示来加速 Transformer 的运算，并提高其处理大规模文本的效率。将 QTransformer 应用于情感分析通常涉及以下 5 个步骤。

（1）数据预处理：收集情感分析的训练数据，并进行文本清洗、分词、词向量表示等预处理操作。

（2）构建 QTransformer：设计 QTransformer 的结构，其中包括量子自注意力机制和量子计算元素。量子自注意力机制用于捕捉文本中的上下文信息，而量子计算元素用于加速模型运算。

（3）训练模型：使用训练数据对 QTransformer 进行训练，学习文本与情感类别之间的关联。

（4）模型评估：使用测试数据评估 QTransformer 的性能，通常使用准确率、精确率、召回率等指标来衡量。

（5）情感预测：使用训练好的 QTransformer 对新的文本进行情感预测，将文本分类为正面、负面或中性三大类。

假设有一段输入文本序列，经典的输入被用作参数化量子线路（Parameterized Quantum Circuit，PQC）的编码层旋转角度，将其编码为量子态。对于每个状态，需要执行 3 个不同的转换类，分别为 Q、K、V。经典计算机通过高斯函数计算 Q 和 K 的测量输出，得到量子自注意力系数；计算 V 的测量输出的经典加权和，并将输入相加，得到输出。图 9.5.1 所示为 QTransformer 情感分析的流程。

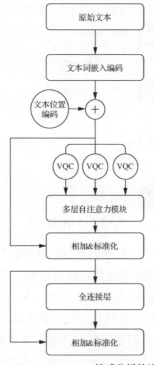

图 9.5.1 QTransformer 情感分析的流程

图 9.5.1 中 VQC 与上下游经典模型的交互流程如图 9.5.2 所示。VQC 的结构如图 9.5.3 所示。

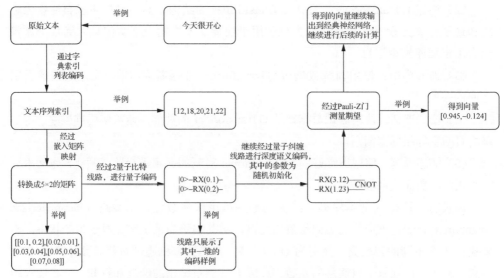

图 9.5.2 VQC 与上下游经典模型的交互流程

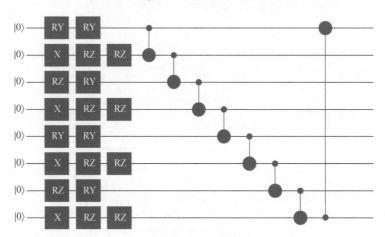

图 9.5.3 VQC 的结构

基于量子-经典混合架构的 QTransformer 的情感分析模型充分利用了量子计算的优势,以低维的经典数据就可以达到不错的效果。该模型的主要工作如下。首先,利用传统的嵌入矩阵作为含参量子线路的参数,进行量子编码。随后,设计含参量子纠缠线路,编码更具深度的语义信息,这里的参数在训练过程中是通过训练优化的。最后,通过 Pauli-Z 门进行测量,得到期望,并将其输入经典神经网络,继续进行计算。

9.6 小结

QNLP 是将量子计算与 NLP 结合的新兴交叉领域。自然语言与量子理论有着共同的结构，它们的形式有两个语言学原则：组合性（Compositionality）和分布性（Distributionality）。计算语言学和量子力学存在一种简单而有力的类比——将语法作为纠缠：文本和句子的语法结构将词语的意思联系起来，正如纠缠结构将量子系统的状态联系起来一样。基于这种特性，量子计算可以同时建模语言的组合性和分布性，而经典计算机建模这两种特性的代价是呈指数级增长的。与当前 ChatGPT 仅建模分布式语义的 NLP 范式不同，语法感知 QNLP 是 NLP 发展史上的新范式[63]。在 QNLP 中，文本与自然语言信息可以被表示为量子态，并可利用量子纠缠等特性来捕捉文本之间的语义关联和相似性。通过引入量子计算元素，QNLP 试图提高 NLP 的效率，并有望为情感分析、机器翻译、信息检索等 NLP 任务带来新的可能性和优势。在 QNLP 中，文本与自然语言信息可以被表示为量子态，其中量子比特用来表示单词、短语或句子。量子表示能够捕捉文本之间的语义关联和语义相似性。在 NLP 中，特征提取是一个关键步骤，用于将文本信息转换为数值特征。在 QNLP 中，特征提取可以通过量子逻辑门来实现，将文本的语义信息编码成量子态。量子纠缠是 QNLP 中的重要现象，表示在一个量子系统中的多个量子比特之间的关联。量子纠缠有助于捕捉文本中的语义关联和语义相似性。QNLP 需要设计适用于 NLP 任务的量子计算模型，包括量子特征提取、量子纠缠、量子分类器等组件。这些组件需要结合文本数据的特点，实现 NLP 任务的目标。目前可用的量子计算硬件相对有限，尤其是对于大规模的 QNLP 任务。要实现大规模的 QNLP 应用，需要更强大和稳定的量子计算平台。

截至本书成稿之日，QNLP 仍然处于研究和探索阶段，尚未在实际应用中得到广泛使用。然而，随着量子计算技术的不断发展，QNLP 有望在未来为 NLP 任务带来新的可能性和优势。

主要术语对照表

英文名称	中文名称
Activation Function	激活函数
Anomaly Detection	异常检测
Artificial Neural Network	人工神经网络
Attention Mechanism	注意力机制
Autoencoder	自编码器
Backpropagation	反向传播
Batch Normalization	批量归一化
Batch Size	批大小
Bias-variance Trade-off	偏差-方差权衡
Classification	分类
Classical-quantum Hybrid Computing	经典-量子混合计算
Clustering	聚类
Convolutional Layer	卷积层
Cross-validation	交叉验证
Decision Tree	决策树
Deep Learning	深度学习
Deep Neural Network	深度神经网络
Deep Reinforcement Learning	深度强化学习
Dropout	随机失活
Ensemble Learnin	集成学习
Feature Engineering	特征工程
Feature Selection	特征选择
Gated Recurrent Unit	门控循环单元
Generative Adversarial Network	生成对抗网络
Gradient Descent	梯度下降
Hyperparameter	超参数
Image Recognition	图像识别
K-Means Clustering	K-均值聚类
Long-Short Term Memory	长短时记忆
Machine Learning	机器学习

续表

英文名称	中文名称
Natural Language Processing	自然语言处理
Neural Network	神经网络
Overfitting	过拟合
Principal Component Analysis	主成分分析
Pooling Layer	池化层
Quantum Algorithm	量子算法
Quantum Bit	量子比特
Quantum Circuit	量子线路
Quantum Cloud Computing	量子云计算
Quantum Compilation	量子编译
Quantum Convlution Neural Network	量子卷积神经网络
Quantum Data Encoding	量子数据编码
Quantum Data Science	量子数据科学
Quantum Decoherence	量子退相干
Quantum Error Correction	量子纠错
Quantum Error Correction Code	量子纠错码
Quantum Fourier Transform	量子傅里叶变换
Quantum Logic Gate	量子逻辑门
Quantum Generative Adversarial Network	量子生成对抗网络
Quantum Hardware	量子硬件
Quantum Healthcare Application	量子医疗应用
Quantum Long-Short Term Memory	量子长短时记忆
Quantum Machine Learning Application	量子机器学习应用
Quantum Machine Learning Framework	量子机器学习框架
Quantum Natural Language Processing	量子自然语言处理
Quantum Neural Network	量子神经网络
Quantum Optimization	量子优化
Quantum Parallelism	量子并行性
Quantum Principal Component Analysis	量子主成分分析
Quantum Processor	量子处理器
Quantum Random Number Generator	量子随机数生成器
Quantum Recurrent Neural Network	量子循环神经网络
Quantum Simulation	量子模拟

续表

英文名称	中文名称
Quantum State	量子态
Quantum Support Vector Machine	量子支持向量机
Quantum Supremacy	量子优越性
Random Forest	随机森林
Regression	回归分析
Semi-supervised Learning	半监督学习
Speech Recognition	语音识别
Stochastic Gradient Descent	随机梯度下降
Support Vector Machine	支持向量机
Supervised Learning	监督学习
Text Generation	文本生成
Transfer Learning	迁移学习
Unsupervised Learning	无监督学习

参考文献

[1] DEUTSCH D, JOZSA R. Rapid solution of problems by quantum computation[J]. Proceedings of the Royal Society of London. Series A: Mathematical and Physical Sciences, 1992, 439(1907): 553-558.

[2] GROVER L K. A fast quantum mechanical algorithm for database search[J]. Proceedings of the Twenty-eighth Annual ACM Symposium on Theory of Computing, 1996: 212-219.

[3] SHOR P W. Algorithms for quantum computation: Discrete logarithms and factoring[J]. Proceedings of 35th Annual Symposium on Foundations of Computer Science, 1994: 124-134.

[4] HARROW A W, HASSIDIM A, LLOYD S. Quantum algorithm for linear systems of equations[J]. Physical Review Letters, 2009, 103(15): 150502.

[5] CONG I, CHOI S, LUKIN M D. Quantum convolutional neural networks[J]. Nature Physics, 2019(15): 1273-1278.

[6] KANDALA A, MEZZACAPO A, TEMME K, et al. Hardware-efficient variational quantum eigensolver for small molecules and quantum magnets[J]. Nature, 2017(549): 242-246.

[7] MARIA S, ALEX B, KRYSTA S, et al. Circuit-centric quantum classifiers[J]. Physical Review A, 2020(101): 032308.

[8] REBENTROST P, MOHSENI M, LLOYD S. Quantum support vector machine for big data classification[J]. Physical Review Letters, 2014, 113(13): 130503.

[9] HAVLÍČEK V, CÓRCOLES A D, TEMME K, et al. Supervised learning with quantum-enhanced feature spaces[J]. Nature, 2019(567): 209-212.

[10] MACQUEEN J. Some methods for classification and analysis of multivariate observations[J]. Proceedings of the fifth Berkeley Symposium on Mathematical Statistics and Probability, 1967, 1(14): 281-297.

[11] ARTHUR D, VASSILVITSKII S. K-means++: The advantages of careful seeding[J]. Proceedings of the Eighteenth Annual ACM-SIAM Symposium on Discrete Algorithms, 2007: 1027-1035.

[12] RDUSSEEUN L, KAUFMAN P. Clustering by means of medoids[J]. Proceedings of the Statistical Data Analysis based on the L1 Norm Conference, 1987: 31.

[13] HUANG Z. Extensions to the K-means algorithm for clustering large data sets with categorical values[J]. Data Mining and Knowledge Discovery, 1998, 2(3): 283-304.

[14] LLOYD S, MOHSENI M, REBENTROST P. Quantum algorithms for supervised and unsupervised machine learning[EB/OL]. arXiv Preprint, 2013. arXiv:1307.0411.

[15] GETACHEW A T. Quantum K-Medians algorithm using parallel Euclidean distance estimator [EB/OL]. arXiv Preprint, 2020. arXiv:2012.11139.

[16] SHAKYA S, PRADHAN S, et al. Quanvolutional neural networks: Powering image recognition with quantum circuits[J]. Quantum Machine Intelligence, 2020, 2(1): 2.

[17] ZHANG Y, LU K, GAO Y, et al. NEQR: A novel enhanced quantum representation of digital images[J]. Quantum Information Processing, 2013, 12: 2833-2860.

[18] JIANG N, LU X, HU H, et al. A novel quantum image compression method based on JPEG[J]. International Journal of Theoretical Physics, 2018, 57: 611-636.

[19] KHAN R A. An improved flexible representation of quantum images[J]. Quantum Information Processing, 2019, 18: 201.

[20] REN W, LI Z, LI H, et al. Application of quantum generative adversarial learning in quantum image processing[C]// 2nd International Conference on Information Technology and Computer Application (ITCA). NJ: IEEE, 2020: 467-470.

[21] FAN P, ZHOU R G, JING N, et al. Geometric transformations of multidimensional color images based on NASS[J]. Information Sciences, 2016, 340: 191-208.

[22] LI S, LI W, COOK C, et al. Independently recurrent neural network (IndRNN): Building a longer and deeper RNN[J]. Proceedings of the IEEE Conference on Computer Vision and Pattern Recognition, 2018: 5457-5466.

[23] XIAO J, ZHOU Z. Research progress of RNN language model[C]// IEEE International Conference on Artificial Intelligence and Computer Applications (ICAICA). NJ: IEEE, 2020: 1285-1288.

[24] SYED S A, RASHID M, HUSSAIN S, et al. Comparative analysis of CNN and RNN for voice pathology detection[J]. BioMed Research International, 2021, 2021: 1-8.

[25] KANJANASURAT I, TENGHONGSAKUL K, PURAHONG B, et al. CNN-RNN network integration for the diagnosis of COVID-19 using chest X-ray and CT images[J]. Sensors, 2023, 23(3): 1356.

[26] ZHANG H, WANG L, SHI W. Seismic control of adaptive variable stiffness intelligent structures using fuzzy control strategy combined with LSTM[J]. Journal of Building Engineering, 2023, 78: 107549.

[27] RAY A, SAKUNTHALA S, PRABHAKAR A. Improving phishing detection in ethereum transaction network using quantum machine learning[C]//IEEE International Conference on Quantum Computing and Engineering. NJ: IEEE, 2023.

[28] LI Y, WANG Z, HAN R, et al. Quantum recurrent neural networks for sequential learning [EB/OL]. arXiv Preprint, 2023. arXiv:2302.03244.

[29] CAO Y, GUERRESCHI G G, ASPURU-GUZIK A. Quantum neuron: An elementary building block for machine learning on quantum computers[EB/OL]. arXiv Preprint, 2017. arXiv: 1711.11240.

[30] ALZUBI O A, ALZUBI J A, ALZUBI T M, et al. Quantum mayfly optimization with encoder-decoder driven LSTM networks for malware detection and classification model[J]. Mobile Networks and Applications, 2023: 1-13.

[31] CHEN S Y C, FRY D, DESHMUKH A, et al. Reservoir computing via quantum recurrent neural networks[EB/OL]. arXiv Preprint, 2022. arXiv:2211.02612.

[32] WANG X, WANG X, ZHANG S. Adverse drug reaction detection from social media based on quantum Bi-LSTM with attention[J]. IEEE Access, 2022, 11: 16194-16202.

[33] GOODFELLOW I, POUGET-ABADIE J, MIRZA M, et al. Generative adversarial networks[J]. Communications of the ACM, 2020, 63(11): 139-144.

[34] LEDIG C, THEIS L, HUSZÁR F, et al. Photo-realistic single image super-resolution using a generative adversarial network[J]. Proceedings of the IEEE Conference on Computer Vision and Pattern Recognition, 2017: 4681-4690.

[35] SANTANA E, HOTZ G. Learning a driving simulator[EB/OL]. arXiv Preprint, 2016. arXiv: 1608.01230.

[36] GOU C, WU Y, WANG K, et al. Learning-by-synthesis for accurate eye detection[C]// 23rd International Conference on Pattern Recognition (ICPR). NJ: IEEE, 2016: 3362-3367.

[37] SHRIVASTAVA A, PFISTER T, TUZEL O, et al. Learning from simulated and unsupervised images through adversarial training[J]. Proceedings of the IEEE conference on Computer Vision and Pattern Recognition, 2017: 2107-2116.

[38] LI J W, MONROE W, SHI T L, et al.Adversarial learning for neural dialogue generation[EB/OL]. arXiv Preprint, 2017. arXiv: 1701.06547.

[39] ZHANG Y Z, GAN Z, CARIN L. Generating text via adversarial training[C]// 2016 Conference on Advances in Neural Information Processing Systems 29. CA: Curran and Associates, Inc., 2016.

[40] YU L, ZHANG W, WANG J, et al. Seqgan: Sequence generative adversarial nets with policy gradient[C]// AAAI Conference on Artificial Intelligence. CA: AAAI, 2017.

[41] REED S, AKATA Z, YAN X, et al. Generative adversarial text to image synthesis[C]// International Conference on Machine Learning. [S.l.]: PMLR, 2016: 1060-1069.

[42] PFAU D, VINYALS O. Connecting generative adversarial networks and actor-critic methods [EB/OL]. arXiv Preprint, 2016. arXiv: 1610.01945.

[43] HU W, TAN Y. Generating adversarial malware examples for black-box attacks based on GAN[C]//International Conference on Data Mining and Big Data. Singapore: Springer Nature Singapore, 2022: 409-423.

[44] CHIDAMBARAM M, QI Y. Style transfer generative adversarial networks: Learning to play chess differently[J]. arXiv Preprint, 2017. arXiv:1702.06762.

[45] LLOYD S, WEEDBROOK C. Quantum generative adversarial learning[J]. Physical Review Letters, 2018, 121(4): 040502.

[46] ZOUFAL C, LUCCHI A, WOERNER S. Quantum generative adversarial networks for learning and loading random distributions[J]. npj Quantum Information, 2019, 5(1): 103.

[47] SITU H, HE Z, WANG Y, et al. Quantum generative adversarial network for generating discrete distribution[J]. Information Sciences, 2020, 538: 193-208.

[48] HERR D, OBERT B, ROSENKRANZ M. Anomaly detection with variational quantum generative adversarial networks[J]. Quantum Science and Technology, 2021, 6(4): 045004.

[49] COLLOBERT R, WESTON J. A unified architecture for natural language processing: Deep neural networks with multitask learning[C]// 25th International Conference on Machine Learning (ICML '08). NY: Association for Computing Machinery, 2008: 160-167.

[50] DIRAC P M. The Principles of Quantum Mechanics[M]. Oxford: Oxford University Press, 1982.

[51] ABRAMSKY S, COECKE B. A categorical semantics of quantum protocols[C]//19th IEEE Symposium on Logic in Computer Science (LICS 2004). Turku: IEEE, 2004: 415-425. DOI: 10.1109/LICS.2004.1319636.

[52] CLARK S, COECKE B, SADRZADEH M. A compositional distributional model of meaning[C]// Proceedings of the Second Symposium on Quantum Interaction (QI-2008). [S.l.]: [S.n.], 2008: 133-140.

[53] LORENZ R, PEARSON A, MEICHIANETZIDIS K. QNLP in practice: Running compositional models of meaning on a quantum computer[J/OL]. Journal of Artificial Intelligence Research. (2023-5-4)[2023-11-1].

[54] TURING A M. Computing machinery and intelligence[C]// Mind LIX.236. [S.l.]: [S.n.], 1950: 433-460. DOI: 10.1093/mind/LIX.236.433.

[55] CHOMSKY N. A review of B. F. Skinner's verbal behavior[J]. Language, 1959, 35(1): 26-58.

[56] NIDA E A, FIFE W P. Toward a science of translating: With special reference to principles and procedures involved in bible translating[M]. Leiden: Brill, 1961.

[57] POIBEAU T. The 1966 ALPAC report and its consequences[J]. Machine Translation, 2017: 75-89.

[58] NIRENBURG S, SOMERS H L, WILKS Y A. A statistical approach to machine translation[J]. Readings in Machine Translation, 2003: 355-362.

[59] EDWARD G, MEHRNOOSH S. Experimenting with transitive verbs in a DisCoCat[C]// the Workshop on Geometrical Models of Natural Language Semantics (GEMS'11). [S.l.]: Association for Computational Linguistics, 2011: 62-66.

[60] COECKER B, FELICE G, MEICHIANETZIDIS K, et al. Foundations for near-term quantum natural language processing[EB/OL]. ArXiv Preprint, 2020. arXiv:2012.03755.

[61] VASWANI A, SHAZEER N, PARMAR N, et al. Attention is all you need[C]// the 31st International Conference on Neural Information Processing Systems (NIPS'17). NY: Curran Associates Inc., 2017: 6000-6010.

[62] GANGULY S, et al. Quantum Natural Language Processing Based Sentiment Analysis Using Lambeq Toolkit[C]//2022 Second International Conference on Power, Control and Computing Technologies (ICPC2T). NJ: IEEE, 2022: 1-6.

[63] TOUMI A. Category theory for quantum natural language processing[EB/OL].ArXiv Preprint, 2022. arXiv: 2212.06615.